Ulrich Sendler, Dipl. Ing. (FH)

Werdegang:
geboren 1951 in Krefeld
Abitur am Arndt-Gymnasium Krefeld 1972
Ausbildung zum Werkzeugmacher bei Audi, Neckarsulm
NC-Programmierung und NC-Drehen bei Werkzeugbau Drauz, Heilbronn
Studium der Feinwerktechnik mit den Schwerpunkten Konstruktion und angewandte Mathematik an der Fachhochschule Heilbronn
CAD-Software-Entwicklung bei Kolbenschmidt, Neckarsulm
Systemtests, Marktstudien und Fachbeiträge für diverse Fachzeitschriften
Seit Mitte 1989 freier Berater und Journalist

Ulrich Sendler

3D-CAD

Die Produktivität
der neuen Systemgeneration

Springer-Verlag

Berlin Heidelberg New York
London Paris Tokyo
Hong Kong Barcelona
Budapest

Autor

Ulrich Sendler
Freier Berater und Journalist
Haydnstraße 9
69121 Heidelberg

Mit 20 teilweise farbigen Abbildungen

Die Deutsche Bibliothek – CIP-Einheitsaufnahme. Sendler, Ulrich: 3D-CAD: die Produktivität der neuen Systemgeneration/Ulrich Sendler. – Berlin; Heidelberg; New York; London; Paris; Tokyo; Hong Kong; Barcelona; Budapest: Springer, 1994
ISBN-13: 978-3-540-56609-0   e-ISBN-13: 978-3-642-78175-9
DOI: 10.1007/978-3-642-78175-9
NE: Sendler, Ulrich: DreiD-CAD

Umschlaggestaltung: Konzept & Design, Ilvesheim
Satz: Datenkonvertierung Springer-Verlag
33/3140 – 5 4 3 2 1 0 – Gedruckt auf säurefreiem Papier

Inhalt

Einleitung

Das Thema ist nicht neu. Seit zehn, fünfzehn Jahren wird darüber diskutiert, welche Rolle 3D-CAD, speziell die Volumenmodellierung, in der künftigen Produktentwicklung spielen kann und soll.

Neu ist, daß mit einer Systemgeneration, deren erste Exempel bereits auf dem Markt sind, eine Leistungsfähigkeit erreicht ist, die an einen produktiven Einsatz denken läßt.

Neu ist auch der – zunehmende – Druck, der heute von seiten der Industrie ausgeübt wird. Selbst ‚eingefleischte‘ 2D-Anwender fragen nach den 3D-Fähigkeiten ihrer Systeme. Und große Konzerne drängen ihre Zulieferer ebenfalls, auf der Basis von 3D-Daten zu arbeiten.

2D in der Krise? Offensichtlich. Nach den Firmenaufgaben von ISYKON und Norsk Data 1992 gibt 1993 ISICAD die Weiterentwicklung des eigenen Mechanik-Systems auf. Und PC-Draft wird verkauft. Vier der – zumindest im deutschsprachigen Raum – renommiertesten Systeme mit dem Schwerpunkt auf der Zeichnungserstellung haben massive Probleme oder scheiden sogar mehr oder weniger endgültig aus dem Rennen.

Vielleicht eine generelle Krise für die – zu hoch gelobte – CAD-Technologie? Der Besucherandrang in den C-Technik-Hallen der CeBIT ′93 spricht dagegen, ebenfalls die seit Beginn des Jahres bei CAD/CAM-Systemen insgesamt wieder deutlich steigenden Umsatzzahlen.

Oder haben wir hier einfach das Pendant zur weltweiten Konjunkturflaute? Natürlich wirkt sich mangelnde Investitionsbereitschaft auch auf die Umsätze der Softwarebranche aus. Aber das erklärt nicht die großen Mißerfolge der einen und die gleichzeitig großen Erfolge der anderen.

Eher verstärkt die allgemeine Lage und damit der Druck zur Rationalisierung, den die Industrie verspürt, auch den Zwang für die Softwareanbieter, statt bunter Bilder und mehr oder weniger komfortablem Zeichenbrett-Ersatz wirklich effektive Systeme auf den Markt zu bringen. Und zwar zu einem Preis-/Leistungs-Verhältnis, das zufriedenstellt.

Die Anbieter wissen um diesen Zwang. Die einen – siehe oben – sind den damit verbundenen Entwicklungskosten nicht gewachsen oder haben sich zu lange Zeit gelassen. Denn bevor sich eine Neuentwicklung rechnet, müssen etliche Mannjahre investiert werden. Diejenigen, die das nötige Polster haben, verfolgen unterschiedliche Marschrouten. Und kaum einer von ihnen mag beschwören, daß sein Weg sich letztlich als der richtige erweist.

Für den Kunden, für die anwendende Industrie wird die Situation vorübergehend eher noch unübersichtlicher. Wie will man eine ausgeklügelte ‚Messe-Demo' von der Vorführung prinzipiell neuer Funktionalitäten unterscheiden?

Mit dem vorliegenden Buch versuche ich, eine Orientierungshilfe zu geben. Nicht ausgehend von dieser oder jener neuen Funktion oder Benutzeroberfläche, sondern ausgehend von den Fragen, die sich heute dem Anwender stellen, und zwar dem (in 2D) erfahrenen ebenso wie dem Einsteiger.

Es liegt in der Natur der Sache, daß sich diese Fragen im wesentlichen mit denen der Softwareanbieter decken. Kein System hat eine Zukunft, das an den Marktanforderungen vorbei entwickelt wird. Und die Zeit des Ausprobierens ist nach 30 Jahren CAD/CAM-Geschichte endgültig passé.

Softwareentwicklung ist eine industrielle Tätigkeit geworden. Sie verlangt den Einsatz moderner Entwicklungswerkzeuge, überprüfbarer Methoden der Qualitätssicherung und ein langfristiges Management und durchdachtes Marketing.

Das erste Kapitel beschäftigt sich mit dem gegenwärtigen Stand der industriellen CAD/CAM-Anwendung und mit den Erfahrungen, die dazu geführt haben, aber auch mit den praktischen Anforderungen an diese Technologie im Zuge der organisatorischen Umstrukturierungen in Produktion und Anlagenbau.

Im zweiten Kapitel finden Sie drei Wege beschrieben, auf denen gegenwärtig die Entwicklung einer neuen 3D-Softwaregeneration betrieben wird: Baukastensysteme mit der Basis desselben Geometriekerns (ACIS), Neuentwicklungen wie Pro/ENGINEER und neue Versionen vorhandener Pakete wie die Master Series von I-DEAS.

Drei Wege

Das dritte Kapitel zeigt an praktischen Beispielen, was mit solchen Lösungen machbar ist. Es beschreibt neue Methoden der Modellierung, wie Parametrik und Feature Modeling und die neue Rolle, die das Volumenmodell künftig in der Produktentwicklung spielen wird.

Neue Methoden –

Grundsätzliches

Die Auswirkungen der modernen 3D-Daten- und Programmstrukturen beschränken sich nicht auf die Konstruktion. 2D-Zeichnungserstellung, NC-Programmierung, FEM-Berechnung – alle technischen DV-Systeme, die im Rahmen der Produktentwicklung eine Rolle spielen, sind betroffen. Denn alle können sich auf das einmal erstellte 3D-Modell beziehen. Von diesem großen Umfeld, in dem sich auch noch ganz neue Softwarelösungen finden, handelt das vierte Kapitel.

Neue Methoden –

in der Konsequenz

Das fünfte betrachtet die andere 3D-Welt: Flächenmodellierer und CAM-Systeme zur 3- bis 5-Achsenbearbeitung. Und die Entwicklung der Kluft, die sich zwischen diesen beiden Welten bisher auftut.

Die andere 3D-Welt

Das sechste Kapitel schließlich ist in gewisser Hinsicht eine Marktübersicht. Welche bekannten Systeme stehen an welchem Punkt in der Entwicklung der neuen 3D-Generation? Und wodurch zeichnen sich die einzelnen Systeme aus? Diese Übersicht ist fragmentarisch. Denn nicht alle Hersteller lassen sich gern in die Karten schauen.

Wo steht wer?

In diesem Anhang finden sich Erläuterungen einiger Fachbegriffe, die im Buch verwendet werden und deren Verständnis nicht unbedingt vorausgesetzt werden kann.

Glossar

Sie haben also keinen Science-Fiction-Roman vor sich. Auch wenn vieles von dem, was hier beschrieben und aufgezeigt wird, sich erst im Laufe der kommenden Jahre, wahrscheinlich des kommenden Jahrzehnts, durchsetzen wird.

Was das Buch nicht ist

Sie haben auch kein mehr oder weniger systemspezifisches CAD-Lehrbuch in der Hand. Praktische Beispiele dienen eher dazu, daß Sie sich zurechtfinden in einer Welt neuer Begriffe, Instrumente und Methoden. Unabhängig davon, mit welchem System Sie oder Ihre Mitarbeiter letztlich arbeiten.

Aufgrund meiner langjährigen Tätigkeit als Fachautor habe ich hinter die Kulissen zahlreicher Softwareprodukte schauen können. Und die Probleme der Anwender kenne ich nicht nur aus der Zeit, als ich selbst noch diese oder jene Hotline in Anspruch nehmen mußte, sondern auch aus den unzähligen Gesprächen mit Ingenieuren, Konstrukteuren und CAD/CAM-Betreuern, die täglich ihre Erfahrungen mit den verschiedensten Systemen machen.

Was das Buch soll

Das Buch soll die so gesammelten Erkenntnisse allen verfügbar machen, die sie brauchen: denen, die (wieder) auf der Suche nach einer Lösung für ihre Aufgaben sind und denen, die sich als Entwickler oder Anbieter solcher Applikationen keine Betriebsblindheit leisten wollen.

Vertreter beider Seiten haben die Idee des Buches begrüßt und mich zu diesem Schritt ermuntert. Ohne ihre Unterstützung, sei es in Form von Informationen oder in Form von Bildmaterial, wäre es gar nicht zustandegekommen.

Möglicherweise sind wichtige Aspekte unberücksichtigt geblieben. Manches bedarf sicherlich der Ergänzung oder Korrektur. In Hinblick auf eine Fortentwicklung des Buches zu einem ständig aktualisierten Ratgeber freue ich mich über jede Zuschrift.

im Dezember 1993   *Ulrich Sendler*

1. Status Quo

Nichts als 2D

Die Geschichte der CAD/CAM-Softwareentwicklung umfaßt heute rund 30 Jahre. CAD und CAM, 2D und 3D, Draht-, Flächen- und Volumenmodelle gingen verschiedene Wege. Die Erfolge fielen dabei recht unterschiedlich aus.

Die Erstellung von Fertigzeichnungen und der Änderungsdienst per Computerunterstützung haben vielerorts das Zeichenbrett verdrängt. Zigtausende von Workstations und Millionen von PC's werden weltweit in den Konstruktions- und Entwicklungsabteilungen dafür eingesetzt.

Eroberungsfeldzug der CAD-Technik

Ausgehend von den großen Konzernen, von Automobil-, Schiffs- und Flugzeugbau, hat die neue Technologie sich längst auch auf mittlere und kleine Unternehmen bis hin zu Einmannbüros ausgedehnt. Nach Maschinenbau und Elektrotechnik kamen nahezu alle anderen Entwicklungsbereiche als Anwendungsgebiete hinzu: Architektur und Bauwesen, Vermessung und Kartographie und andere mehr.

Dennoch arbeiten – quer durch alle Branchen – zur Zeit erst etwa 15 bis 20 Prozent aller potentiellen CAD-Anwender mit einem der verfügbaren Systeme. Dieses interessante Ergebnis brachte eine Marktuntersuchung, die die Firma Autodesk 1992 in Auftrag gab.

Starke Minderheit

Nach übereinstimmenden Schätzungen – auch seitens der Anbieter – sind nicht einmal auf fünf Prozent der Rechner 3D-Modellierer installiert. Genauer: installiert und genutzt. Denn häufig wurde ein 3D-Modul zwar mitgekauft, aber nie wirklich verwendet.

Brettersatz

Auch dort, wo die Zeichenbretter gänzlich verschwunden sind, ist CAD heute meist nicht mehr als ein modernes, komfortableres Ersatzinstrument.

Datenredunanz en gros

Nach wie vor gibt es kaum eine Anwendung in der eigentlichen Entwurfsphase. Nach wie vor ist in der Regel das wichtigste Ziel die Erstellung der Zeichnung in Form eines Plots oder auf Datenträger. Nach wie vor stehen CAD-Daten selten unmittelbar als Eingabedaten für andere Anwendungen zur Verfügung; und wenn, dann sind normalerweise Schnittstellen wie IGES, VDA-FS oder DXF die entscheidenden Kommunikationsmittel.

Alle Verbesserungen der 2D-Systeme haben nur den Arbeitskomfort innerhalb dieses Rahmens gesteigert. Den Rahmen sprengen konnten sie nicht.

Unvollständig

2D-Geometrien sind nur ausnahmsweise vollständige Teilebeschreibungen, nämlich im Falle gewisser rotationssymmetrischer oder anderer sehr einfacher Bauteile. Generell haben sie eher symbolischen Charakter. Folglich können Daten eines 2D-Systems den meisten anderen Anwendungen auch nur einen mehr oder weniger wichtigen Teil der benötigten Informationen übermitteln.

Und für vieles müssen sie bereinigt und gesondert aufbereitet werden, denn ein großer Teil der Zeichnungsinhalte dient der Verständigung des Konstrukteurs mit dem, der sie lesen muß. Für die NC-Bearbeitung aber sind dies ebenso nutzlose Daten, wie für FEM-Berechnung oder Kinematik-Simulation.

Späne

CAD/CAM-Reality

Bezüglich der CAM-Entwicklung ist der Stand: Die 2- und 3-achsige NC-Bearbeitung genießt einen noch höheren Verbreitungsgrad als 2D-CAD. Aber eine echte Nutzung von CAD-Daten für NC-Programme ist eben noch lange nicht die Regel. Der Einsatz von 5-achsigen Systemen besitzt dagegen ähnlichen Seltenheitswert wie das 3D-Volumenmodell in der Konstruktion.

Für den Werkzeug-, Formen- und Modellbau konnte sich allerdings das 3D-Flächenmodell als Kern einer weitgehenden Automatisierung der Fertigung durchsetzen. Hier sind NC-Programme häufig direktes Ergebnis der Flächenkonstruktion.

Spielerei 3D

Viele lassen sich angesichts dieser Fakten zu einem Umkehrschluß verleiten, der den Blick auf Ursachen und Entwicklungsmöglichkeiten trübt. Selbst aus den CAD-Strategie-Kommissionen großer Konzerne hört man mitunter die Meinung: „Für mehr als 90 Prozent aller Aufgaben reichen 2D-Systeme vollkommen aus. 3D ist eine unwirtschaftliche Spielerei. Das wird sich nie durchsetzen. Und im übrigen denken die Konstrukteure eben nicht in Volumenmodellen."

Fragt man weiter nach den meist sehr praktischen Gründen der Ablehnung von 3D-Modellierern, sieht es ganz anders aus. Dann ist es nicht „3D" an sich, sondern dann sind es die Schwächen und prinzipiellen Unzulänglichkeiten der bislang verfügbaren Modellierer, die abgeschreckt haben.

Abschreckung

Solid Modeler erzwangen den Aufbau komplexer Modelle aus Primitivkörpern wie Zylindern, Quadern oder Kugeln. Die notwendigen Rechenoperationen, das Verschneiden, Addieren und Subtrahieren waren aber viel zu zeitaufwendig, um einen produktiven Einsatz zu gestatten.

Peinliche Schwächen

Ganz abgesehen von den Abstürzen bei bestimmten Aktionen, die den entsprechenden Modellierer einfach überforderten. Bekannt ist die peinliche Reaktion der meisten Systeme auf den Versuch, zwei gleichartige Körper stumpf aneinanderzusetzen und sie dann zu addieren.

Anfänglich war sicherlich auch die Hardware für die 3D-Problematik zu schwach. Aber auch die Software war zu langsam gestrickt. Entwicklungsmethoden, für kleinere Probleme durchaus hinlänglich, erwiesen sich als unbrauchbar für so komplexe Aufgaben wie die 3D-Modellierung.

Instabil und langsam

Viele Benutzer kapitulierten nach mehr oder weniger intensiven Bemühungen vor dem Wirrwarr der Menüs oder einzugebenden Befehle. Die Einarbeitungszeiten standen in keinem Verhältnis zu dem Nutzen, der mit den Paketen erzielt werden konnte. Oft genug war nicht einmal herauszufinden, ob ein aufgetretenes Problem nun am mangelnden Verständnis des Konstrukteurs lag oder an einer Schwäche der Software.

Je mehr die Systeme erweitert und ‚verbessert' wurden, desto größer wurde teilweise das Chaos auf der Oberfläche.

Vollständige Spielerei

Theorie und Praxis

Theoretisch richtig ist, daß ein Bauteil nur als Volumenmodell vollständig beschrieben werden kann. Aber die ersten Systemgenerationen von Volumenmodellierern waren oft gar nicht in der Lage, Teile aus dem wirklichen Leben der industriellen Fertigung überhaupt zu beschreiben. Insofern nützte der theoretische Vorzug zunächst einmal wenig. Die praktischen Nachteile gaben den Ausschlag.

Sobald ein Fertigteil Freiformflächen enthielt, sobald Schnittkurven oder Körperkanten verrundet werden sollten, kurz sobald es irgendwie ein wenig komplexer wurde, waren die Pakete normalerweise mit ihrem Einmaleins am Ende.

Nicht zu reden von der Unmöglichkeit der Mischung verschiedener Topologien innerhalb eines Systems und anderem, das im Verlauf eines Entwurfs- und Konstruktionsprozesses durchaus sinnvoll sein kann.

Die Solid Modeler kannten nur das fertige Teil, und dies mußte auch noch ziemlich einfach zu definieren sein.

„Integration"
per Schnittstelle

Auch mit der Integration war es nicht so weit her, wie die Marktübersichten glauben machen wollten. In der Regel verdeckte die Oberfläche mehr oder weniger geschickt, daß in Wirklichkeit Daten unterschiedlichen Formats von einem Modul zum anderen übertragen wurden.

Damit war auch für die machbaren 3D-Modelle ihre Produktivität in Frage gestellt. Denn gerade die gesuchte Datenkonsistenz war ja für viele der Grund, sich – aller Schwierigkeiten zum Trotz – mit 3D-Volumenmodellierern zu beschäftigen.

Schließlich hatten auch die Kosten der Systeme wenig mit der doch insgesamt recht mageren Ausbeute an Nutzen zu tun. Kein Wunder, daß die große Zahl der CAD-Anwender sich abwandte und 3D-Konstruktion als wesentlich zu teure Spielerei einstufte.

Teurer Spaß

Gleichzeitig waren es gerade die Mängel der Volumenmodellierer, die einer insgesamt rascheren Ausbreitung von CAD und CAM im Wege standen. Sie förderten die Sichtweise: für NC-Bearbeitung im allgemeinen Maschinenbau sind CAD-Daten nur von untergeordneter Bedeutung. Sie sind bestenfalls eine Erleichterung für die Geometrieeingabe. Denn mit 2D-Daten ist eine Automatisierung der NC-Programmerstellung weitgehend ausgeschlossen.

Bremser

Und für die 3- bis 5-achsige Bearbeitung reichen bislang die verfügbaren Flächenmodellierer aus – die ja im wesentlichen CAM- und nicht CAD-Systeme sind. Ohne direkte Kopplung mit einem leistungsfähigen Solid Modeler gibt es in diesem Bereich auch keine zügige Ausweitung zur 2D-Konstruktion, Berechnung und Optimierung.

Kurz gesagt: wenn ohnehin von einer wirklichen Durchgängigkeit nicht die Rede sein kann und wenn das Erlernen und Nutzen der 3D-Technik so umständlich, so zeit- und nervenraubend ist, wie es bislang war – dann stimmt der Satz: 3D brauchen wir nicht.

So wurden Solid Modeler für Sonderzwecke eingesetzt: Kinematik, Einbauuntersuchungen, Simulation, Kollisionsbetrachtungen, Berechnung. Und es mußte etwas grundlegend Neues kommen, um an dieser festgefahrenen Situation zu rütteln.

Sonderfall 3D

Sach- und andere Zwänge

Die, die es sich leisten konnten, gaben Sonderentwicklungen in Auftrag. Zum Beispiel als Zusatzapplikationen zu CATIA oder EUCLID, mit deren Hilfe man im Automobilbau einer Standardisierung von Vorrichtungen und Methodenplan näherkommen wollte – basierend auf Solids. Aus dieser Richtung kommt nun plötzlich unverhoffter Druck auf die Zulieferer zu, sich entsprechend mit Volumenmodellierern zu rüsten, damit auf dieser Basis Daten getauscht werden können. Am besten sollte also für jeden Auftraggeber der passende Modellierer im Haus stehen.

Neue Tools
für neue Strukturen

Generell ist der Wettbewerb für die deutsche Industrie härter geworden – binneneuropäisch ebenso wie international. Mit den bisherigen Organisationsstrukturen und Produktionsabläufen kann diesem Druck nicht standgehalten werden. Und mit den bisherigen Werkzeugen – auch und vor allem im Bereich der technischen DV-Lösungen – ist eine effektive Restrukturierung, insbesondere eine projektmäßige Ausrichtung der Abläufe am Entstehungsprozeß der Produkte, nicht zu realisieren.

Gefragt:
Datenkonsistenz

Der Anwender spürt zunehmend den Zwang, nicht bloß über CAD-Zeichnungen zu verfügen, sondern das Produkt vollständig und in den passenden Baugruppen zu modellieren. Diesen Zwang reicht er weiter. Und wenn der Anbieter des bereits installierten 2D- oder alten 3D-Systems nicht schnell reagiert, dann schaut man sich eben nach einem neuen System um.

Das ist die Ausgangslage, in der die neue Generation von Volumenmodellierern auf den Markt kommt. Die meisten großen Hersteller sind in den Startlöchern. Einige können schon zeigen, welchen Weg sie gehen. Das Bild der CAD/CAM-Branche wird sich drastisch verändern in den nächsten Jahren, und das der Anwendung ebenfalls.

2. Drei Wege

Wie immer gibt es auch auf die Frage „Wohin geht 3D CAD?"
nicht nur eine Antwort, sondern einige. Drei verschiedene
Wege sind momentan abzusehen.

Dafür stehen Namen von Systemen und Lösungen. Sie
wurden nicht deshalb gewählt, weil sie die einzigen sind, die
schon etwas zeigen können. Vor allem sind sie besonders
deutliche Beispiele für die Unterschiede im Herangehen an
die Aufgabenstellung und in den – bislang – gebotenen
Lösungen.

ACIS: ein reiner Modellierkern, der ausschließlich als OEM-
Produkt entwickelt und vertrieben wird,
Pro/Engineer: ein völlig neues CAD/CAM-System, das als
Antwort auf die Mängel der herkömmlichen Software ent-
stand,
I-DEAS Master Series: eine neue Version, mit der eines der
alten Systeme konsequent den Generationswechsel vollzieht.

2.1 ACIS

Unter dem Namen ACIS macht in den letzten Jahren weltweit
ein neuer Volumenmodellierer von sich reden. Aus verschiedenen Gründen eignet er sich besonders gut, um die grund-
legenden Neuerungen in der CAD/CAM-Technologie zu
erläutern, um die es in diesem Buch geht.

Zum einen wegen der besonderen Historie: Die Vor-
geschichte von ACIS, die Entwicklungserfahrungen seiner
Schöpfer, selbst die Firmenhintergründe sind in gewisser
Weise ein Spiegelbild der 3D-Entwicklung insgesamt.

Hintergründe

Zum zweiten aber ist die Software selbst ein Paradebeispiel für den gegenwärtigen Trend, vor allem wegen der Konsequenz in der Umsetzung der Erkenntnisse aus den letzten 30 Jahren CAD-Geschichte, sowohl von der Vertriebs- und Entwicklungsphilosophie, als auch vom Leistungsumfang.

Zunächst also ein kleiner Blick in die Geschichte des Solid Modeling, dann in die Produktphilosophie und zuletzt in die Datenstruktur.

Nach ROMULUS

3D-Geschichte, made in Great Britain

Natürlich merkten nicht nur die Anwender, was mit den 3D-Systemen der ersten Generation zu machen war und was nicht. Besonders schmerzlich stießen die Mängel denen auf, die ihre ganze Energie in die Entwicklung der Modellierer gesteckt hatten. Einer der bekannteren Modeler – im übrigen auch die Basis zahlreicher weltweit installierter Systeme – hieß ROMULUS – entwickelt von Shape Data. Genauer, von einigen Spezialisten bei Shape Data in Cambridge, die bereits vor 25 Jahren in das Thema 3D eingestiegen waren, darunter Dr. Alan Grayer, Dr. Charles Lang und Dr. Ian Braid.

Kapitulation

Mitte der 80er Jahre mußten sie vorübergehend kapitulieren. Die Rückmeldungen der Anwender und der Entwickler von diversen Applikationen hatten ihnen vor Augen geführt, daß alle Weiterentwicklung sinnlos und eine grundlegende Verbesserung der Software nicht möglich war. ROMULUS war vom Ansatz her unzulänglich. Er konnte den praktischen Anforderungen nicht gerecht werden. Nicht wegen dieses oder jenes Mankos im Programm, sondern aus prinzipiellen Gründen.

Da Shape Data überdies der Auffassung war, die ‚Erfinder' des ROMULUS hingen zu sehr an ihren alten Ideen fest, beschloß man, einen Neuanfang ohne sie zu versuchen.

Zwischenstufe Parasolid

Der Modellierer, der dabei herauskam, ist schon seit Jahren verfügbar. Er heißt Parasolid und sitzt unter anderem in Sigraph, von Siemens, und Unigraphics, früher McDonnell Douglas, heute EDS. Und Shape Data ist mittlerweile ebenfalls eine hundertprozentige EDS-Tochter.

Um es vorwegzunehmen: Parasolid brachte nicht den Durchbruch, den sich die Entwickler davon versprochen hatten. Aus der heutigen Sicht war der ROMULUS-Nachfolger eher so etwas wie eine Zwischenstation auf dem Weg zu den neuen Systemen.

Neuanfang

Die Väter des ROMULUS nutzten die Zeit zu einer schöpferischen Pause von etwa eineinhalb Jahren. Als Beratungsunternehmen Three Space stellten sie ihr umfangreiches Wissen Entwicklern zur Verfügung und betrieben Martforschung: zum Beispiel für eine kleine US-Firma namens Spatial Technology, die einen Solid Modeler mit Eignung für die NC-Bearbeitung suchte. In Cambridge kam man nach gründlicher Recherche zu dem Schluß, daß es einen solchen Modellierer nicht gab.

Startschuß für ACIS

Die Auftraggeber ließen nicht locker. Ob das nicht eine Aufgabe sein könnte für drei Fachleute, die doch offenbar ihr ganzes Leben diesem Thema gewidmet hatten?

Sie trafen auf offene Ohren. Ohne die alten Zöpfe des ROMULUS und mit genügend Distanz zum Mißerfolg dieses Produktes ging es in einem kleinen Reihenhaus an die Programmierung eines neuen Systemkerns. Mit einem Vertriebspartner, der etwas von Marketing verstand, denn damit wollten die Software-Spezialisten weniger zu tun haben.

Der Name des Kerns war schnell gefunden: ACIS. Dabei stehen die ersten drei Buchstaben für die Anfänge der Vornamen Alan, Charles und Ian. Und der vierte Buchstabe gehört Spatial Technology.

Das Kürzel ACIS

Der Geometriekern – eine Vertriebsstrategie

Eine der zentralen Forderungen aus Cambridge war: Der Modellierer wird nicht ausschließlich für Spatial Technology entwickelt, sondern für jedermann.

War ROMULUS teilweise als OEM-Produkt erfolgreich, so sollte ACIS ausschließlich für diesen Zweck entwickelt werden. Und auch eine so enge Bindung an ein bestimmtes Paket, wie sie bei Parasolid vorlag, sollte in jedem Fall vermieden werden.

Die Kernentwicklung liegt in den Händen von Three Space in Cambridge, der Vertrieb und einige Zusatzentwicklungen bei Spatial Technology in Boulder, Colorado. Das System gehört beiden Unternehmen jeweils zur Hälfte.

Wer auf der Basis von ACIS entwickeln möchte, der kann zwischen verschiedenen Lizenzstufen wählen, bis hin zum Erwerb des jeweils aktuellen Source-Codes mit dem Recht zur beliebigen Modifizierung.

Diese letzte Möglichkeit war ursprünglich als Sicherheit für Software-Unternehmen gedacht, die kein zu großes Vertrauen in das Drei-Mann-Unternehmen und den kleinen US-Vertriebspartner haben würden. Hewlett Packard, einer der ersten ACIS-Nutzer überhaupt, hat diesen Weg gewählt. Der Geometriekern von HP Precision Engineering, genauer der Kern des SolidDesigners, ist ACIS. Allerdings in Form einer von HP weiterentwickelten, älteren Version. Gegenwärtig bemühen sich die Entwicklungsmannschaften beider Seiten, wieder zu einem einheitlichen Stand zu kommen.

Das Ziel der Anbieter ist klar: ACIS soll im Bereich der Volumenmodellierung die Rolle eines Geometriestandards übernehmen. Möglichst viele CAD/CAM-Systeme sollen diesen Kern beinhalten. Das Spektrum der möglichen Anwendungen umfaßt die gesamte Bandbreite des Industrial Engineering: CAD, CAM, FEM, CAQ, Kinematik, und, und, und.

Damit liegt die Strategie absolut im allgemeinen Trend: Standardisierung von Hard- und Software, Reduzierung von Entwicklungskosten, Hinwendung von Anwendern und Anbietern zu offenen Lösungen. Eine Antwort auf die immense Unzufriedenheit der großen Mehrheit der Benutzer mit der Abhängigkeit von einzelnen Anbietern.

Der anwendende Industriebetrieb soll sich wie aus einem Baukasten von lauter ACIS-basierenden Systemen die Komponenten heraussuchen können, die für seinen Bedarf optimal passen. Gleichgültig, von welchem Hersteller die einzelne Applikation stammt.

Ob diese Strategie schließlich von Erfolg gekrönt sein wird, bleibt dahingestellt. Denn heute, Mitte 1993, sind noch nicht viele Applikationen fertig. Einige haben die Freigabe für diesen Sommer angekündigt. Unter diesen Paketen sind Strässle SOLID (KONSYS 2000) und GRADE/Shape von Hitachi-Zosen in Japan. Immerhin kann ACIS weltweit bereits über 200 Lizenznehmer verbuchen, etwa ein Drittel davon in Europa.

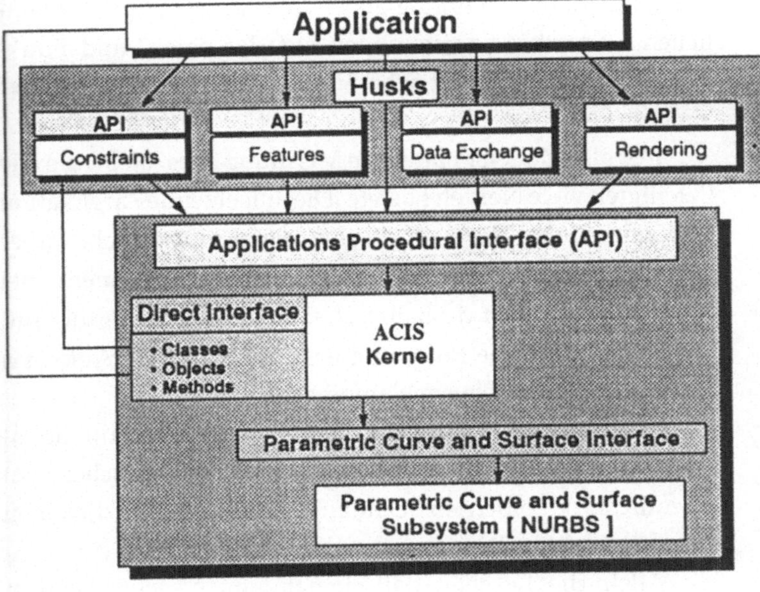

Release um Release

Abb. 1:
(ACIS-System-architektur)
Die eigentliche Anwendung nutzt die Befehle der prozeduralen Schnittstelle (API) oder der hierauf basierenden Husks, *um auf die Berechnungen des Geometriekerns ACIS zuzugreifen. Während der Kern von Three Space in Cambridge entwickelt wird, sind API- und Husk-Entwicklung Aufgabe von Spatial Technology in Boston.*

Einer hat Anfang Juni den Entschluß bekanntgegeben, daß alle künftigen Entwicklungen auf ACIS aufbauen werden: Autodesk. Nach einer ausgiebigen Evaluationsphase ist diese Entscheidung eine massive Aufwertung des Modellierers. Denn AutoCAD ist das einzige CAD-System, dessen Installationen mittlerweile nach Hunderttausenden zählen.

Unter den Lizenznehmern befinden sich natürlich auch etliche Forschungsinstitute und Universitäten, daneben Softwarehersteller, die erst einmal nur nachschauen, wie der Kern aufgebaut ist, wie er funktioniert, und was er kann.

Ob er dann tatsächlich eingesetzt oder vielleicht sogar als Anschauungsmaterial und Lernmaterial für eine Eigenentwicklung benutzt wird, das ist in Einzelfällen sicher auch eine Frage des guten Geschmacks.

Der Geometriekern – eine Entwicklungsstrategie

Der Geometriekern ACIS – das ist aber nicht nur eine Vertriebsstrategie. Vielmehr stand die Idee des Kerns auch Pate für die gesamte Entwicklungsphilosophie.

Der reine Kern

Aus Schaden wird man klug. Aus den Erfahrungen mit ROMULUS hatten die Entwickler unter anderem gelernt, daß es eine deutliche Trennung geben muß zwischen den eigentlichen Geometrie-Berechnungen auf der einen, und Funktionalität, Benutzeroberfläche, Visualisierung etcetera auf der anderen Seite.

Enervierende Mischung

Der alte Modeler hatte eine Mischung dargestellt, die alle Beteiligten viele Nerven kostete. Die aufsetzende Applikation verfügte in der Regel über eine eigene Oberfläche, über eigene Schattierungs- und Auswertungsfunktionen. Bei ROMULUS mußten deshalb vor einer Implementierung immer noch zahlreiche Programmteile mit enormem Aufwand bereinigt oder ganz ausgeklammert werden.

Denn damals hatte man versucht, gewisse Funktionalitäten mitzuliefern. Und die steckten überall zwischen den eigentlichen Geometrieberechnungen. Das war für die einen zuwenig und für die anderen zuviel.

Allein die Tatsache, daß niemandem so recht klar war, welche Rolle der Kern und welche die Applikation jeweils zu spielen hatte, war auf die Dauer untragbar. Und bei jeder neuen Version gab es dieselben Anpassungsprobleme.

ACIS ist ein reiner Modellier-Kern. Und sonst nichts. Das mag einer der Gründe sein, weshalb die darauf basierenden Applikationen nicht ganz so schnell verfügbar sind. Denn jetzt muß wirklich alle Funktionalität von dort kommen.

Erfahrungssache

Nebenbei folgen die Entwickler dabei einem Grundsatz, der ebenfalls ein Resultat der schlechten Erfahrungen aus früheren Tagen ist: ‚Es kommt nicht so sehr darauf an, was man alles in ein Programm hineinstecken kann. Viel wichtiger ist herauszufinden, was man besser wegläßt.'

Ein Interface für alle

Für eine Software wie ACIS ist natürlich von zentraler Bedeutung, daß Applikationsentwickler leichten Zugang haben.

Diesen Part hat Spatial Technology übernommen. Die in Boulder entwickelte Prozedurale Applikations-Schnittstelle (API = *Application Procedural Interface*) bietet allen Kern-Anwendern denselben Zugriff auf den Modellierer.

Die ‚Schnittstelle‘ ist eigentlich eher ein kompletter Satz von Befehlen, die bestimmte Kernfunktionen auslösen, plus der Syntax und anderen Regeln, wie diese Befehle zu nutzen sind.

Tool-Box für Aufbauten

Damit ist die Voraussetzung für eine weitgehende Übereinstimmung in den Datenstrukturen ACIS-basierender Software gegeben. Zumindest bietet dieses Vorgehen eine immense Erleichterung im gegenseitigen Datenaustausch.

Eine Garantie für solche Übereinstimmung ist die Schnittstelle allein aber nicht. Denn jede Applikation kann ja die Geometrie nach eigenen Vorstellungen nutzen und weiterverarbeiten. Eine Übereinkunft darüber gibt es momentan nicht. Und bis Standard-Festlegungen über derart komplexe Vorgänge getroffen sind – darüber wird sicher noch eine Reihe weiterer Jahre ins Land gehen.

Ohne Gewähr

Was ist ein Husk?

Wörtlich übersetzt ist ein *husk* eine Schale oder Hülse. Im konkreten Fall ist damit eine Schale gemeint, die um den ACIS-Kern gelegt wird.

Die Strategie der Standardisierung von Geometriesoftware unterstützt die Bemühungen vieler Systemhersteller, sich wieder mehr auf ihre eigentlichen Stärken zu konzentrieren, und nicht jedes Rad noch einmal zu erfinden, das andere schon zum Rollen gebracht haben.

Konzentration auf die eigenen Stärken

Was für den 3D-Kern gilt, das läßt sich ebenso ausdehnen auf weitere Bereiche. Bestimmte Funktionalitäten werden von vielen Systemen benötigt – aber nicht immer zum selben Zweck.

Im Umfeld von ACIS hat eine rege Entwicklungstätigkeit eingesetzt. Einzelne funktionelle Erweiterungen des Kerns werden wiederum nicht als Endprodukt entworfen, sondern tatsächlich als Erweiterung des Kerns.

Erweiterte Tool-Box

So wie der Kern zusammen mit dem API-Interface eigentlich ein Entwicklungswerkzeug ist, so stellen die Husks Erweiterungen dieses Werkzeugs dar.

Bausätze

ACIS wird um Befehlssätze ergänzt, die natürlich ebenfalls den Regeln der Prozedural-Schnittstelle entsprechen müssen. Wie für ACIS sind auch für die Husks Lizenzrechte zu erwerben. Solche Husks sind bereits für zahlreiche Gebiete verfügbar, vom Freiformflächenmodul über Rendering, bis hin zur Fertigungsautomatisierung. Der Hersteller der eigentlichen Anwender-Software sucht sich also außer dem Kern bestimmte Zusätze und verbindet sie zu seinem speziellen Produkt.

Damit verlagert sich der Wettbewerb unter den Systemlieferanten auf eine andere Ebene. Einzelne Grundfunktionen, die viele brauchen, sind vielfach identisch, auch wenn sie an der Oberfläche nicht genauso aussehen.

Der Unterschied, die Alleinstellungsmerkmale liegen vor allem darin, was mit den Daten und Funktionen geleistet werden kann. Also beispielsweise, wie eine Rendering-Funktionalität zur fotorealistischen Darstellung von 3D-Modellen eingesetzt wird.

Die Struktur des Objekts

Objektorientierter Kern

ACIS wurde von vornherein vollständig in C++ programmiert. Diese Sprache eignet sich besonders für objektorientierte Programmierung (OOP), deren Prinzipien hier auch Eingang fanden. Zu jenem Zeitpunkt war noch weitgehend offen, welche der verfügbaren Sprachen sich durchsetzen würde. Insofern zeugt die Wahl von C++ von einiger Weitsicht. Sie beweist aber auch einen gewissen Mut der Entwickler, denn selbst heute, fünf Jahre danach, wagen sich zahlreiche Kollegen immer noch nicht an diese Sprache, sondern bleiben bei C. Ihrer Meinung nach gibt es zu wenig

Tools, und auch die Vereinheitlichung der verschiedenen Dialekte läßt zu wünschen übrig.

Dennoch wird kaum noch bestritten, daß dies die Sprache ist, in der künftige Entwicklungen auf UNIX- und PC-Plattformen geschrieben werden.

Objektorientiertes Vorgehen hat eine Reihe von Vorteilen. Meist merkt sie der Anwender nur indirekt. Wer aber darauf aufbaut, also die gesamte ACIS-Kundschaft, der lernt diese Vorteile schnell zu schätzen.

Objektorientierte Programme gliedern sich nicht in Funktions- und Datenteile. Die Programmstruktur orientiert sich an Objekten und Methoden: Objekte besitzen bestimmte, definierte Eigenschaften, und die Methoden dienen dazu, solche Eigenschaften zu verändern oder auszuwerten.

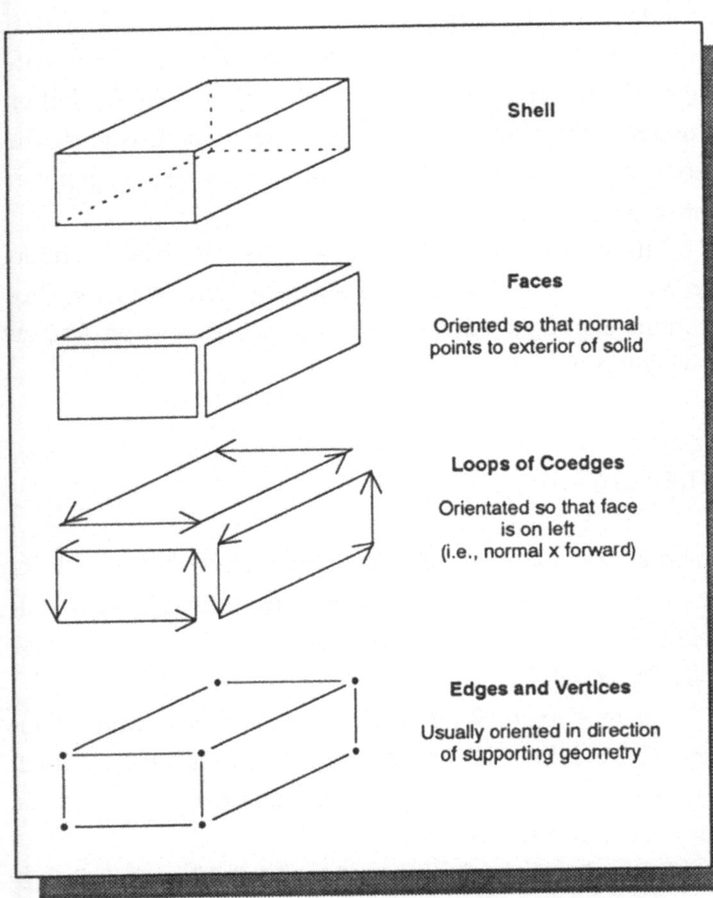

Abb. 2:

(Body Definition)

So einfach ist die Datenstruktur, mit der in ACIS Volumenkörper beschrieben werden. Worauf es ankommt ist allerdings, welche komplexen Operationen wie komfortabel mit diesen Objekten durchgeführt werden können.

Ein Objekt Textdatei mit der Eigenschaft ASCII-Format kann mit der Methode Drucken an einem beliebigen Druckgerät ausgegeben werden. Ein Objekt Hauptprogramm mit der Eigenschaft Binärcode läßt sich mit der Methode Startbefehl ausführen.

Vererbungstheorie

Objekte mit gleichen Eigenschaften bilden Objektklassen. Und Eigenschaften lassen sich vererben. Ein voluminöser Würfel mit den Eigenschaften ‚durchsichtig' und ‚beliebig teilbar' zerfällt, wenn er in der Mitte auseinandergeschnitten wird, in zwei Quader, die ebenfalls durchsichtig und beliebig teilbar sind, weil sie automatisch die Eigenschaften des Würfels übernehmen.

Um ein neues Objekt zu definieren, reicht die Programmierung der wirklich neuen Eigenschaften. Im übrigen erhält es durch seine Zuordnung in eine bestimmte Objektklasse alle Grundeigenschaften dieser Klasse.

Klassensystem

Ein Kegel wird der Klasse der geometrischen Elemente zugeordnet. Seine Teilbarkeit und sonstige Eigenschaften müssen nicht erneut programmiert werden. Lediglich die geometrisch besonderen Eigenschaften des Kegels gegenüber anderen Geometrien.

Ein wichtiges Unterscheidungsmerkmal objektorientierter Software ist deshalb, daß sie insgesamt weniger Programmzeilen benötigt, und daß sie leichter anzupassen, zu erweitern und zu warten ist.

B-REP in C++

Für die Beschreibung von Volumenmodellen haben sich im Laufe der Zeit vor allem zwei Datenstrukturen herauskristallisiert: B-Rep (*Boundary Representation*) und CSG (*Constructive Solid Geometry*).

Letztere beschreibt den gesamten Entstehungsprozeß eines 3D-Modells. Sie ist sehr umfangreich und deutlich rechenintensiver. Sie wird vor allem genutzt, wo es um die parametrische und Variantenkonstruktion geht.

Grenzflächen

B-Rep beruht auf einer exakten Definition von Grenzflächenbeziehungen. Ein Würfel besteht aus sechs Flächen und zwölf Kanten. Jede Kante begrenzt zwei ebene Regel-flächen. Jede Fläche hat auf einer Seite Material, auf der anderen Seite nicht. Damit sind auch die Grenzen der B-Rep Datenstrukturen in früheren Modellierern genannt. An einer Kante *durften* nicht mehr als zwei Flächen angrenzen. Eine Fläche *konnte* nur auf einer Seite materialbehaftet sein.

Und was im Fall des Würfels in seiner Urform einleuchtet und genügt, das reicht im ‚richtigen Leben‘ in der Regel nicht. Dort sind die Beziehungen komplexer.

Die Weiterentwicklung des Solid Modeling hatte in erster Linie immer zum Ziel, diese in der industriellen Praxis untragbaren Einschränkungen der Datenstruktur Schritt für Schritt aufzuheben und die Berechnungen zu beschleunigen. B-Rep ist mittlerweile weltweit als *die* Datenstruktur von 3D-Modellen anerkannt. Beispielsweise liegt sie auch der 3D-Struktur zugrunde, wie sie im kommenden Datenstandard STEP verwendet wird. *Grenzübertritt*

ACIS ist ein B-Rep-Modellierer. Der grundsätzliche Unterschied zwischen ROMULUS und ACIS – oder zwischen herkömmlichen 3D-Systemen und der neuen Generation – besteht in erster Linie im unterschiedlichen Entwicklungsstadium dieser Datenstruktur.

Sie steckte dort in ihren Anfängen. Und sie nähert sich hier mit großen Schritten einem Zustand, der mehr oder weniger vollständig ist. Was sich übrigens gerade darin zeigt, daß nun auch unvollständige SOLIDS, die sogenannten *non manifolds*, beschrieben werden können. *Reife*

Solids – auch unvollständig

Wer bei früheren Solid Modelern versuchte, zwei Volumina zu vereinigen, die sich nur in einer Kante berührten, der erlitt meistens Schiffbruch. Sie waren undefinierbar, weil an einem Punkt oder einer Kante mehr als zwei Flächen aufeinandertrafen. *Non-Manifold-Modellierer*

Ein anderes, ebenso beliebtes Beispiel zum Testen von 3D-Systemen sah beispielsweise so aus: Von einem Würfel wird ein Zylinder subtrahiert, dessen Durchmesser der

Kantenlänge des Würfels entspricht. Praktisch ergeben sich vier Restvolumina, die jeweils durch eine Kante verbunden sind.

Für die früheren Modellierer ging es an dieser Stelle meist nicht weiter. Entweder wurde der Restwürfel sofort in vier Einzelkörper getrennt, und zwar unwiderruflich. Oder es entstand eine undefinierte Datenstruktur, die eine weitere Verwendung des Würfelrestes unmöglich machte.

Kanten und Ecken   ACIS beherrscht den Umgang mit solchen ‚unvollständigen Solids'. Sogenannte *Co-edges* gestatten die saubere Beschreibung der gesamten Umgebung einer Kante. Im Uhrzeigersinn um eine Kante fahrend, registriert das System, wo von Luft in Material getaucht wird, von Material in Luft oder von Material in anderes Material.

Eine der großen Einschränkungen des traditionellen 3D-CAD ist damit Geschichte.

Freiformflächen

Die zweite große Einschränkung, die allein schon zur weitgehenden Unbrauchbarkeit der ersten Solid Modeler führte, hieß: Allenfalls analytische Flächen können ein Solid begrenzen – aber keinerlei Freiform- oder nicht-analytische Flächen.

Verrundungskunst   Bei der Durchdringung zweier elliptischer Zylinder entsteht bereits eine etwas kompliziertere Raumkurve. Ihre Verrundung, selbst mit konstantem Radius, führt unweigerlich zu einer Freiformfläche.

Es liegt auf der Hand: Das Manko fehlender Freiformflächen hinderte den Benutzer nicht nur daran, das Volumenmodell zur Gestaltung von Automodellen zu nutzen. Bereits bei recht einfachen Rechenoperationen zwischen Primitivkörpern mußten die Modellierer passen.

ACIS ermöglicht grundsätzlich beides: die Verrundung von allen erzeugten Elementen ebenso wie die Verwaltung echter Freiformflächen, also nicht analytisch beschreibbarer Flächenelemente.

Dabei soll ACIS selbst nicht so sehr die Freiformflächenkonstruktion ermöglichen. Vielmehr liegt der eigentliche

Schwerpunkt auf der Lösung des Verrundungsproblems. Software für die Konstruktion von nicht-analytischen Flächen, beispielsweise im Formen- und Modellbau, kann aber durch eine spezielle Schnittstelle sehr eng an ACIS angekoppelt werden.

Zellen

Wenn Grenzen fallen, tun sich meist mehr Möglichkeiten auf, als man vorher zu träumen wagte. Was in der Politik gerade in letzten Jahren zu erleben war, gilt auch in der Softwaretechnik.

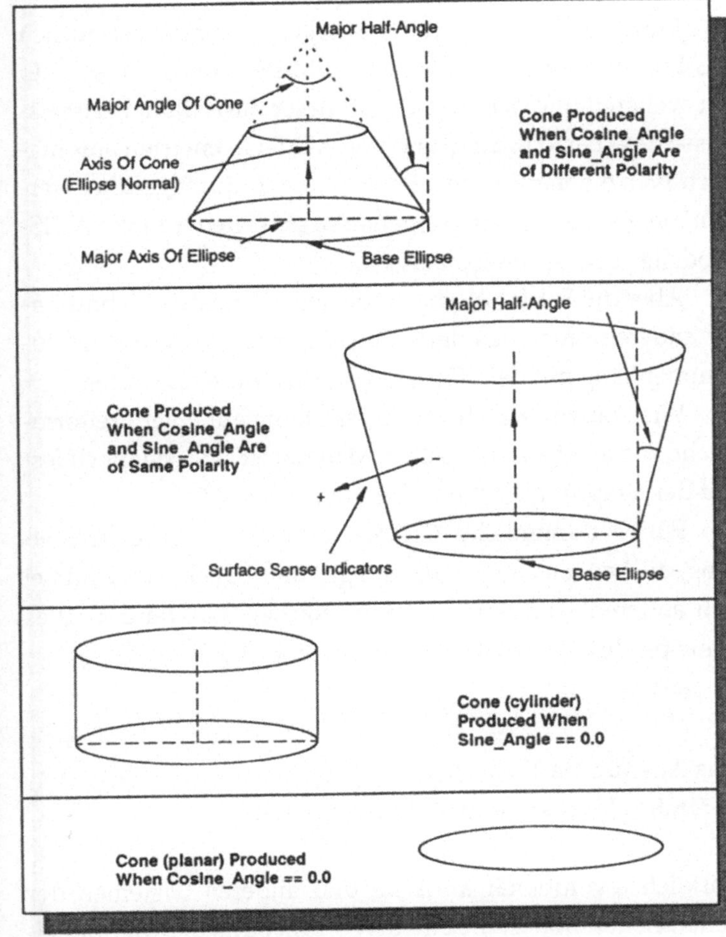

Abb. 3:

(Cone Classes)
Die Objektklasse Konus: Die neuen 3D-Systeme beherrschen nicht nur ellipsoide Körper. In diesem Fall sorgt die Definition sehr unterschiedlicher Volumina in ein und derselben Klasse dafür, daß beispielsweise bei Verschneidungen alle derartigen Körper gleich behandelt werden können. Der ausführbare Code kann klein, die Performance hoch gehalten werden.

Substruktur

ACIS kann nicht nur mit *non manifold solids* umgehen, sondern ermöglicht auch die ausgiebige Nutzung und Verwaltung von Substrukturen. Und auf dieser Ebene wird zur Zeit bei Spatial Technology an einem Husk gearbeitet.

Ziel dieses Husks ist, ein Volumenmodell in beliebig viele ,Zellen' zergliedern zu können. Diese Zellen können unterschiedliche Eigenschaften haben, zum Beispiel Material, Farbe, und anderes. Die Zellen sind also gewisse zusätzliche Informationen, Ergänzungen der B-Rep-Basisdatenstruktur des ACIS-Kerns. Sie bieten Möglichkeiten, die nicht von jeder Applikation benötigt werden.

Um zu verhindern, daß durch die Zellenstruktur der Kern selbst langsamer und unnötig aufgebläht wird, wurde die Lösung der Husk-Entwicklung gewählt.

Nutznießer FEM

Eines der wichtigsten Einsatzgebiete wird vermutlich das Pre- und Postprocessing für FEM-Berechnungen sein. In der weiteren Entwicklung ist auf dieser Basis dann beispielsweise denkbar, daß aufgrund von ACIS-Geometrien automatisch Netze generiert und Berechnungen durchgeführt werden, deren Optimierungsergebnisse sich wieder in die ACIS-Modelle zurückschreiben lassen.

Aber die Forderung nach solchen Elementen kommt unter anderem auch aus dem Flugzeugbau, und zwar im Zusammenhang mit dem Einsatz von Verbundwerkstoffen.

Verbundstoffe

Wie konstruiere ich eine Verstärkung auf einer Freiformfläche, die nicht aus demselben Material ist, aber dennoch fest mit der Ursprungsfläche verbunden sein soll?

Für herkömmliche CAD-Systeme eine Aufgabenstellung, die bei den einen ganz und gar unmöglich war. Und bei den anderen erforderte sie einen solchen Aufwand, daß es keine produktiv einsetzbare Lösung gab.

**Das Aus für die Trennung
in Draht-, Flächen- und Volumenmodell**

*Alles miteinander
verarbeiten*

Wirklich revolutionär an ACIS und anderen Systemen der neuen Generation ist die effektive Aufhebung der traditionellen Trennung in Draht-, Flächen- und Volumenmodell. Alle verfügbaren Topologien, alle beschreibbaren Datentypen können miteinander gemischt werden.

Früher gab es in der Regel bestenfalls die Möglichkeit, ein Drahtmodell mit Flächen zu versehen, und einen durch Flächen eingeschlossenen Körper zum Volumenmodell zu wandeln. Schon der Rückweg war oft ausgeschlossen.

ACIS macht auch hier keine Einschränkungen.

Die Vereinigung eines Drahtes mit einem Solid oder einer Freiformfläche, das Verschneiden eines Drahtmodells mit einem durch Freiformflächen begrenzten Körper sind problemlos darstellbar. Ebenso kann jederzeit zwischen Draht- oder Volumendarstellung gewechselt werden. Beispielsweise könnte in einem frühen Stadium einer Anlagenentwicklung die Abstraktionsstufe des Drahtmodells durchaus genügen. Aber zur Simulation oder konkreten Auslegung braucht der Ingenieur das vollständige Modell.

ACIS kennt einfach nur noch ein einziges Modell, das eben auf die verschiedenste Art und Weise dargestellt werden kann. Und das führt zu einer herausragenden Eigenschaft, die wiederum für die ganze neue Softwaregeneration gilt:

Abb. 4:

(Attribut-Kontrolle)
Die Klassen-
eigenschaften eines
geometrischen
Elementes, beispiels-
weise Farbe und
Material, werden nach
festgelegten Gesetzen
auf Nachkommen *einer*
Geometrie *vererbt.*
Die Methode Split
führt im Beispiel nicht
nur zur Halbierung
des Quaders, sondern
auch zu definierten
Resultaten bei den
Attributen.

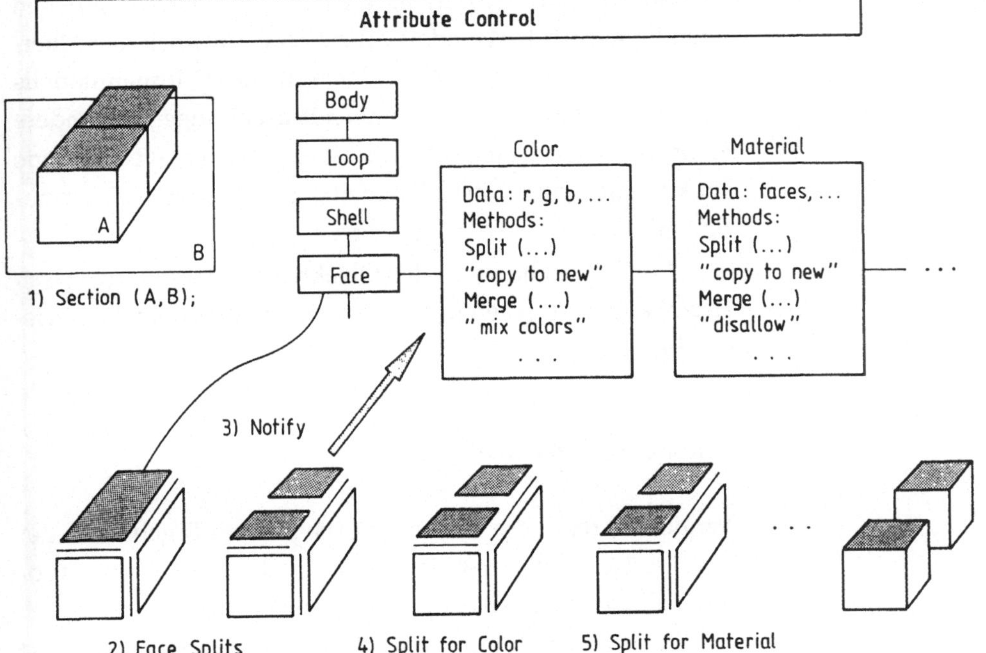

Das als Volumenmodell existierende Teil ist die einzig gültige geometrische Beschreibung. Alle Ableitungen, ob 2D-Zeichnung, NC-Programm oder anderes, beruhen auf diesem Modell und hängen davon ab.

Damit wird endlich eine Forderung realisiert, die in den letzten Jahrzehnten viele Anwender und Entwickler beschäftigt hat: die Durchgängigkeit und Konsistenz der Geometriedaten quer durch alle Bereiche, die sich darauf beziehen müssen.

Die neue Rolle der Attribute

Basierend auf der objektorientierten Datenstruktur spielen auch die Attribute, die einem geometrischen Objekt angehängt werden können, eine neue Rolle.

Klasseneigenschaften ACIS stellt mehrere Klassen solcher Attribute zur Verfügung. Einige davon werden vom Kern selbst geliefert und verwaltet, eine zweite Gruppe gestattet den Applikationsentwicklern, die jeweils nötigen Eigenschaften zu definieren. Und eine weitere steht dem Endanwender zudiensten.

Mit diesen Attributen, die mit den herkömmlichen Anhängseln für Farbe oder Strichstärke nur noch den Oberbegriff teilen, ist der Verwendbarkeit des Volumenmodells Tür und Tor geöffnet. Hier können Bearbeitungs- und andere technologische Daten ebenso untergebracht werden wie Kalkulationsdaten oder allgemeine administrative Informationen.

Attribute gehören zu den Objekteigenschaften. Sie lassen sich also ebenso erben und vererben, wie dies oben beschrieben wurde.

Schnelligkeit ist eine Zier

Vergleicht man die bislang vorliegenden Ergebnisse der ACIS-Entwicklung mit dem, was in den 15 Jahren davor geschah, dann ist der Fortschritt unübersehbar.

In rasantem Tempo folgt Version auf Version, und fast jedesmal gibt es grundsätzliche Verbesserungen.

Der relativ schnelle Reifungsprozeß des neuen Systems ist umso erstaunlicher, als dahinter nicht mehr als drei Spezialisten stehen. Wobei einer im wesentlichen für den wichtigen Job des Testens verantwortlich ist. Auch hierin könnte ein Zeichen liegen für besondere Kennzeichen der neuen Systeme. Es sind offensichtlich nicht unbedingt die größten Entwicklungsmannschaften, die künftig den Ton angeben.

Drei-Mann-Betrieb

Softwareentwicklung ist schneller und leichter geworden. Standardisierung und moderne Entwicklungsmethoden machen es gerade auch kleinen Teams möglich, innovative Produkte auf den Markt zu bringen. Auch das könnte Auswirkungen haben auf das künftige Gesicht der Softwarelandschaft im Engineering-Bereich.

So schnell die neuen ACIS-Versionen kommen, so leicht ist es nach Angaben von Applikationsanbietern in der Regel auch, sie zu implementieren. Die umständlichen und zeitraubenden Anpassungstätigkeiten, wie sie aus ROMULUS-Zeiten in Erinnerung sind, entfallen.

Umgekehrt lassen sich spezifische Anwendungen, auch branchen- oder unternehmensspezifischer Art, aufgrund der objektorientierten Struktur und der einheitlichen API-Schnittstelle viel schneller realisieren als bei herkömmlichen Systemen.

Leicht angepaßt

Eines der vordringlichen Ziele bei der Entwicklung von ACIS war, die Performance um ein Vielfaches zu steigern, komplexe Rechnungen am Bildschirm effektiv zu machen.

Das Ergebnis ist in der Tat verblüffend. Auf einem von Spatial Technology in Berlin veranstalteten Kongreß im Oktober 1992 wurde während eines Vortrages online das Verschneiden eines Volumenkörpers mit einer Freiformfläche gezeigt – schattiert und schnell. Und die Plattform war MS-Windows auf einem Notebook- Rechner.

3D-Software erreicht also endlich einen Stand, der nicht mehr eine Hochleistungs-Workstation als Grundvoraussetzung erfordert.

Realitätsnah

Was die herkömmlichen 3D-Systeme in Verruf gebracht hatte, war neben den vielen prinzipiellen Einschränkungen vor allem die Tatsache, daß sie in zu vielen Situationen einfach abstürzten.

Damit war der Versuch des 3D-Einstiegs in größerem Umfang von vornherein ausgeschlossen. Denn dazu muß das System eine weitgehende Toleranz gegenüber dem Anwender an den Tag legen.

Mehr Toleranz

Es wurden nicht nur voraussehbare Eingabefehler nicht abgefangen, immer wieder führten korrekt erscheinende Eingaben zum Absturz, weil sie in der Konsequenz vom System etwas verlangten, das – noch – nicht möglich war.

Mit der ausgereiften B-Rep-Datenstruktur und dem Wegfall vieler anfänglicher Einschränkungen im *Solid Modeling* bietet ACIS heute eine Stabilität, die mit der älterer 3D-Systeme nicht mehr zu vergleichen ist.

Modell-Historie

Parametrische und Varianten-Konstruktion sind – wie andere Aufgaben im Bereich der CAE-Anwendung – nicht mit ACIS selbst zu lösen, sondern von den Applikationsentwicklern, die sich auf die eine oder andere Aufgabenstellung spezialisiert haben.

Strässle SOLID beispielsweise beinhaltet die Möglichkeit des *Feature Modeling*, also der parametrischen Konstruktion von Formelementen. Hierzu wird – parallel zur ACIS-Struktur – eine CSG-Struktur gehalten. Denn um Parameter zu verwalten, muß die Entstehungsgeschichte der miteinander in Beziehung stehenden Elemente gespeichert werden.

Offene Zukunft

Wie dies geschieht, welchen Regeln die Konstruktionshistorie gehorchen soll, darüber gibt es noch keine ähnlich weitgehende Einigung, wie über die grundsätzliche Datenstruktur des Volumenmodells. Insofern erscheint das Vorgehen der ACIS-Entwickler, diese Frage zunächst auszuklammern und den Applikationen zu überlassen, konsequent.

2.2 Pro/ENGINEER

Über mangelnde Konsequenz kann man sich auch bei einem anderen System der neuen Generation nicht beklagen. Bis hin zur Wahl des Firmennamens stellte die Parametric Technology Corporation (PTC) klar, wes Geistes Kind ihr Produkt Pro/ENGINEER sein sollte.

Alter Hase

Auch hinter dieser Software steht mit Dr. Samuel Geisberg ein alter Hase des CAD-Geschäfts. Der russische Spezialist wechselte in den 70er Jahren in die USA und war dort unter anderem an der Entwicklung von CADDS (Computervision) und Bravo3 (Applikon) maßgeblich beteiligt. Auch ihm ging es zu langsam voran, lagen zu viele Hemmnisse vor echten Innovationen. Und auch Dr. Geisberg kam Mitte der 80er Jahre zu dem Schluß, daß auf der Basis der alten CAD-Systeme keine wirkliche Lösung der anstehenden Aufgaben in Sicht sei.

Ohne Altlast

Die Gründung von PTC sollte die Voraussetzungen schaffen, um völlig unabhängig von vorhandenen ‚Altlasten‘ ein vom Ansatz her neues Konzept zu realisieren.

Und wer schon vor Jahren glaubte, der CAD-Markt werde lediglich unter einigen der vorhandenen Anbieter aufgeteilt, neues sei kaum zu erwarten, der mußte sich eines Besseren belehren lassen.

Wachstumsfreuden

Bereits Ende der 80er Jahre, seit 1988 auch in Deutschland, machte Pro/ENGINEER – zunächst noch unter verschiedenen Namen und über verschiedene Distributoren – von sich reden, die Anwender neugierig und die Konkurrenz nervös.

Seit 1990 existiert die deutsche Tochter. Sie gehört momentan zu den wenigen Softwarefirmen, die sich eines von der Konjunktur weitgehend ungestörten Wachstums erfreuen.

Nomen est Omen: Parametrik

Anders als im Fall ACIS handelt es sich hier nicht nur um einen Kern, sondern um ein funktionstüchtiges System für den Konstrukteur, für den Endanwender.

Basis des vollständig in C geschriebenen Pro/ENGINEER ist ein eigener Kern mit einer offenbar ziemlich einzigartigen Datenstruktur. Sie gestattet die Konstruktion von Elementen, die sich beliebig aus Solids und Flächen, einschließlich nicht-analytischer Flächen, zusammensetzen können.

Parametrik pur

Die Parametric Technology Corporation hat sich – nomen est omen – bezüglich der unterstützten Konstruktionsmethodik für eine reine 3D-Parametrik entschieden.

Bezüglich der geometrischen Darstellung ist die Basis ebenfalls eine Weiterentwicklung der B-Rep-Struktur. Aber mit Pro/ENGINEER können Volumenmodelle erzeugt werden, ohne überhaupt Geometrie, also Flächen- oder Volumendaten, abzuspeichern.

Das Entscheidende ist hier vielmehr die Definition einzelner Elemente über die Vergabe von Maß- und Beziehungsparametern, und die Protokollierung der Reihenfolge, in der die Elemente definiert wurden.

Strenger Sketcher

In einem 2D-Skizziermodus entwirft der Konstrukteur die Umrisse oder andere Hilfskonturen seines Modells in beliebig vielen Konstruktionsebenen. Schon hier besteht das System auf eindeutigen Beziehungen zwischen den Geometriebestandteilen und will wissen, welche Bedingungen für die einzelnen Zusammenhänge wichtig sind. Denn spätere Änderungen am Modell sind ausschließlich über die Modifikation von Parametern zu realisieren.

Per Translation oder Rotation der Hilfsgeometrien entstehen voluminöse Körper. In Pro/ENGINEER heißen sie ‚Konstruktionselemente'. Neben den frei erzeugten Elementen gibt es noch eine Reihe von Standardfunktionen, die ebenfalls zu Konstruktionselementen führen. Zum Beispiel die ‚Schale', mit deren Hilfe sich Vollkörper in Hohlkörper mit definierter, auch variabler Wandstärke verwandeln lassen, oder die Formschräge, die unter einem bestimmten Winkel an ein Bauteil gelegt wird.

Genauso strikt, wie im Skizziermodus auf die Eindeutigkeit der Beziehungen geachtet wird, gilt die Parametrik zwischen allen erzeugten 3D-Elementen.

Ist ein Objekt erzeugt, kann es wieder als Bezugselement für weitere Konstruktionsschritte verwendet werden. Auch tiefe Verschachtelungen beispielsweise mechanischer Baugruppen lassen sich auf diese Weise parametrisch aufbauen. Die Parameter können nämlich auch teileübergreifend sein.

Komplexe Beziehungen

Normteile, Wiederholteile, Standardbauteile müssen nur einmal konstruiert werden. Dabei gestattet das Programm auch die Festlegung von Parametertabellen.

Geschichtsprotokoll

Im Hintergrund wird so etwas wie ein Stammbaum der Konstruktion geschrieben. Schritt für Schritt, und Element für Element. Von welchen ‚Eltern' welche ‚Kinder' stammen – sprich welche Elemente auf Basis welcher bereits existierender Elemente erzeugt wurden und in welcher Reihenfolge welche Manipulationen und Modifikationen am Modell vorgenommen wurden.

Dieses Protokoll ist editierbar und dient selbst der Konstruktionsänderung. Beispielsweise kann die Reihenfolge bestimmter Aktionen, und damit der Aufbau und die Gestalt des Modells, geändert werden.

Änderungsdienst

Das Protokoll ist auch das einzige, was an Modelldaten auf der Festplatte gespeichert werden muß. Alle Modelländerungen, seine Darstellungen, alle weiterverarbeitenden Schritte benutzen lediglich diese Konstruktionshistorie.

Und diese benötigt – nebenbei bemerkt – selbst bei komplexen Konstruktionen nur einen Bruchteil des Speicherplatzes, den andere Systeme schon bei sehr einfachen Teilen verbrauchen.

Bei Pro/ENGINEER steht das 3D-Modell nicht nur im Vordergrund, es gibt gar nichts anderes. Es gibt auch keine Kopien der Daten für bestimmte Zwecke. Jedenfalls nicht innerhalb der integrierten Module des Systems.

Original

Wenn hier von Assoziativität (direkter Abhängigkeit) zwischen 2D und 3D gesprochen wird, dann sind keine Datenübertragungen gemeint.

So wie die 2D-Fertigzeichnung nur eine Darstellung des 3D-Modells ohne verdeckte Kanten und mit Schraffur ist, so liegen auch die NC-Bearbeitungssätze auf dem einen und einzigen 3D-Volumenmodell. Dasselbe gilt für die Netzstruktur, die Pro/ENGINEER für FEM-Berechnung oder Stereolithographie erzeugen kann.

Wenn irgendeine Darstellung des Modells verändert wird, dann heißt das grundsätzlich: Das 3D-Modell wird geändert.

Pro/ENGINEER macht also Ernst mit 3D und läßt keinen Raum für das Festhalten an althergebrachten CAD-Methoden.

Weitgehende Automatismen

Auf der Grundlage dieser neuen Basissoftware für die Konstruktion bietet Pro/ENGINEER eine Reihe von bis dato in diesem Umfang nahezu unbekannten Automatismen.

Eine Fertigzeichnung entsteht beispielsweise fast vollautomatisch. Der Konstrukteur gibt am Modell einen Schnitt an, den er darstellen möchte. Schon wird dieser Schnitt – im 3D-Modell – schraffiert. Den Befehl Schraffur muß er gar nicht bemühen. Nach der Ausgabe der gewählten Ansichten mitsamt aller aktuellen Parameterwerte, also Maße, bleibt nicht viel zu tun: eigentlich nur einige Schönheitskorrekturen bezüglich einzelner Maßpositionen oder der Größe und Lage von Ansichten – fertig.

Anhängliche Zeichnung

Assoziativ heißt aber hier auch: Das Anlegen der Detailzeichnung muß keineswegs nach Beendigung der 3D-Modellierung erfolgen. Denn auch nach jedweder Manipulation am Detail behält die 2D-Darstellung ihren vollen Bezug zum Muttermodell.

Anders ausgedrückt: Nach einer Änderung des Modells müssen nicht die bereits existierenden Ableitungen – 2D-Zeichnung, Netz, NC-Sätze – neu erzeugt werden. Alle vorhandenen Ableger der Konstruktion werden vielmehr automatisch bei jeder Modifikation ohne Dazutun des Anwenders aktualisiert.

Um zu verhindern, daß dabei ungewollte Änderungen bestehender Daten durchgeführt werden, kann ein Projekt-Daten-Manager verwendet werden. Dabei wird die Tatsache ausgenutzt, daß jede Änderung des Modells zu einer neuen Version führt, ohne daß die alte gelöscht wird.

Außer den genannten Modulen verfügt Pro/ENGINEER über eine Reihe weiterer Bausteine für die verschiedensten Zwecke. Branchenspezifische, wie die Blechkonstruktion oder das Modul zur Entwicklung von Kabelbäumen. Aber auch Datenverwaltung, Bibliotheken und andere funktionelle Erweiterungen des eigentlichen CAD-Kerns.

Nicht alle Komponenten sind bereits in so fertigem Zustand wie der Konstruktionsteil. Aber die Entwicklung geht weiter.

Der Anschluß von anderen Komponenten, die nicht aus der eigenen Entwicklung stammen, erfolgt in der Regel über Standardschnittstellen.

Allerdings gibt es auch einige direkte Interfaces zu anderen CAD-Systemen, oder auch zu FEM-Systemen, wie RASNA, von dem nach Angaben von PTC noch 1993 eine Version freigegeben werden soll, die eine unmittelbare Optimierung einer Konstruktion über die Modifikation der Pro/ENGINEER-Modellparameter erlaubt.

Branchenspezis

Einbindungen

Vorsprung

Mit der grundsätzlichen Abkehr von den herkömmlichen CAD-Methoden traf der Hersteller genau den Nerv der marktgängigen Systeme. Die frühe und radikale Umsetzung des 3D-Konzeptes war über Jahre hinweg ohne Konkurrenz.

PTC hat mit dem neuen System bereits richtungsweisend gewirkt und bewiesen, daß parametrische Konstruktion von Volumenmodellen, vollständige Assoziativität aller Modelldaten und automatische Zeichnungserstellung mit heutiger Hard- und Software effektiv machbar sind.

Pro/ENGINEER paßt mit dieser Philosophie zu den gegenwärtigen Bemühungen der Industrie um Concurrent Engineering, um mit einer Restrukturierung der Entwicklungs- und Fertigungsabläufe verlorenen Boden gutzuma-

Den Kern getroffen

Man kann auch anders

chen und Kosten zu senken. Bis hin zu solchen eher nebensächlichen Dingen, wie dem Einspielen neuer Versionen oder der Installation von Arbeitsplätzen. 10 bis 20 Minuten, dann ist nach übereinstimmenden Äußerungen verschiedener Anwender Pro/ENGINEER lauffähig. Keine großen Nachfragen, kein Wälzen von Handbüchern und Anleitungen – es geht auch anders.

John Deere, Weltkonzern mit über 30.000 Mitarbeitern, vorwiegend in Entwicklung, Produktion und Vertrieb von Landmaschinen, hat im März dieses Jahres einen weitreichenden Beschluß gefaßt, der diese Einschätzung bestätigt:

Mit über 500 Installationen sollen in den kommenden drei Jahren sämtliche vorhandenen CAD-Systeme im Konzern ersetzt werden. Lediglich für die Pflege alter Datenbestände wird eine Anzahl Arbeitsplätze erhalten.

Nach Einschätzung der Deere-Spezialisten, die übrigens seinerzeit schon die zweite überhaupt verkaufte Lizenz von Pro/ENGINEER erworben hatten, wird dieses Programm den gegenwärtigen Anforderungen am besten gerecht.

Kundenaktion   Dort, wo es noch Unzufriedenheit gibt, wie in Sachen NC-Bearbeitung, versucht die Industrie, die Entwicklung in ihrem Sinne zu beeinflussen und zu beschleunigen. Deere & Company hat sich beispielsweise in den USA genau zu diesem Zweck mit Caterpillar und einigen anderen PTC-Großkunden zusammengetan.

Man darf davon ausgehen, daß Pro/ENGINEER keine Eintagsfliege ist. Es wird in der nächsten Zeit eines der CAD/CAM/CAE-Systeme sein, die in diesem Markt eine bedeutende Rolle spielen.

2.3 I-DEAS Master Series

Ein drittes Beispiel und wieder einen anderen Weg, zeigt die I-DEAS Master Series von SDRC.

Das Unternehmen hat zwar 1992 bereits sein 25jähriges Bestehen gefeiert, zählt aber dennoch im engen Umfeld der CAD/CAM-Anbieter zu den Newcomern.

Ursprünglich wurde es als Beratungsunternehmen gegründet, das höchst komplexe, technische Berechnungen in Form von Dienstleistungen beispielsweise der US-Raumfahrt zur Verfügung stellte. Dann entwickelte sich – so ganz nebenbei – die Software I-DEAS, die einen immer größeren Anteil des Gesamtumsatzes ausmachte.

Zunächst bestand sie aus Programmen für die Berechnung, für Pre- und Postprocessing. Dann kam die 3D-Modellierung hinzu und schließlich, Ende der 80er Jahre, mit Power Drafting auch ein ausgesprochen innovatives Programm zur 2D-Zeichnungserstellung.

Hoffnungsträger CAD

Die Erfahrung mit der Lösung aller Arten von geometrischen Problemen wurde konsequent umgesetzt in das Angebot von Standardsoftware. Und abgesehen davon versprach ein CAD-System natürlich höhere Installationszahlen, als sie im Bereich des reinen Engineering je erreicht werden konnten.

Last In – First Out

Interessanterweise ist es jetzt ausgerechnet dieses System, das von allen seit längerem auf dem Markt befindlichen CAD/CAM-Applikationen als erstes mit einer Version herauskommt, die eindeutig der neuen Systemgeneration zuzuordnen ist.

Wie bei Pro/ENGINEER handelt es sich um eine Anwendersoftware auf Basis eines eigenen Geometriekerns. Wiederum Mitte der 80er Jahre, nämlich 1986, fiel der Startschuß für eine komplett neue Datenstruktur.

Neue Datenbasis

In C geschrieben, kann der neue Kern von I-DEAS ähnlich mit Draht-, Flächen- und Volumentopologien umgehen, wie dies am Beispiel von ACIS ausgeführt wurde.

SDRC nennt die eigene Datenstruktur ‚*topological representation*‘, um die Weiterentwicklung der B-Rep-Struktur zum Ausdruck zu bringen. Neben den B-Rep-Daten wird zur Verwaltung der Konstruktionshistorie das CSG-Modell benutzt.

Während der Kern zu produktionsreifer Stabilität heranwuchs, war es in den vergangenen Jahren vordringliches Ziel der gesamten Entwicklungstätigkeit, Applikationen und Kern zu entflechten. Mit der Version 6 von I-DEAS war diese Entflechtung so weit fortgeschritten, daß der Kern selbst ausgetauscht werden konnte.

Durchgängig

I-DEAS Master Series ist also die gewachsene Funktionalität der integrierten Module auf einem neuen Kern, der zwischen allen Komponenten eine vollständige Durchgängigkeit der Geometriedaten und damit auch eine vollständige, bidirektionale Assoziativität bietet.

Breite Palette

Die Palette der verfügbaren Module reicht von 2D-CAD, über 3D-Modellierung, Pre- und Postprocessing, Kinematik, FEM-Berechnung, bis hin zu NC-Bearbeitung und Engineering Data Management.

Nachdem das neue Produkt erst auf der CAT '93 in einer Beta-Version vorgestellt wurde, ist es allerdings noch nicht möglich, die Leistungsfähigkeit verläßlich einzuschätzen.

Master Modeling

Nicht nur von der Herkunft unterscheidet sich I-DEAS Master Series von den zuvor beschriebenen Lösungen – auch vom Ansatz, von der Funktionalität, und den damit gebotenen Konstruktionsmethoden.

Man kann,
muß aber nicht

Mit dem neuen Programm *kann* reine 3D-Konstruktion betrieben werden. Es *kann* damit parametrisch konstruiert werden. Es *kann* mit vollständiger Assoziativität gearbeitet werden. Aber der Anwender *muß* nicht.

I-DEAS gestattet neben der Umstellung auf die neuen Methoden auch die Beibehaltung der alten. Natürlich mit allem Komfort, den der neue Kern und die inzwischen vervollständigte Funktionalität der Software bietet.

Großzügig

Und das System erlaubt eine beliebige Mischung von Methoden und läßt folglich dem anwendenden Betrieb die freie Wahl einer im konkreten Fall optimal passenden Vorgehensweise.

Praktisch heißt das:

Der Konstrukteur kann eine 2D-Fertigzeichnung erstellen, zu der es gar kein 3D-Modell gibt. Der früher häufig übliche Weg, Daten einer solchen 2D-Darstellung für den Aufbau eines Volumenmodells zu nutzen, steht ihm ebenfalls offen.

Ein Volumenmodell kann unmittelbar konstruiert werden, ohne einen einzigen Parameter zu vergeben. Laut Herstellerangaben können solche Parameter aber auf Wunsch anschließend vom System gesetzt werden. Die Parameter können aufgehoben und wieder aktiv gesetzt werden.

Modelle, die in Fremdsystemen konstruiert wurden, lassen sich ebenso übernehmen und nachträglich mit weitgehendem Automatismus innerhalb von I-DEAS mit Constraints (parametrischen Beziehungen) versehen.

In einer Messevorführung wurde auch die Mischung verschiedener Konstruktionsmethoden demonstriert: Auf ein teilweise parametrisiertes Solid ließ sich eine Drahtkontur setzen, die nur teilweise bestimmt war. Mit der ‚Gummiband‘-Funktion des Cursors konnte diese Kontur nun – unter Einhaltung vorgegebener Zwangsbedingungen – verändert und schließlich in gewünschter Form und Lage plaziert werden.

3D mit dem Gummiband

I-DEAS ist offensichtlich in der Lage, mit offenen Gleichungssystemen zu arbeiten, so daß nicht alle möglichen Parameter auch gesetzt sein müssen.

Daß dies online, also ohne irgendwelche Wartezeiten, funktioniert, zeigt die Welten, die zwischen der Performance früherer Modellierer und den neuen Programmen stehen.

Dynamisch navigiert

Ein weiteres herausragendes Merkmal von I-DEAS ist die Benutzeroberfläche, die jetzt – wie die Datenbasis – durchgängig für alle Module zur Verfügung steht.

Zuerst im 2D Power Drafting vorgestellt, ist das Highlight der Oberfläche der sogenannte Dynamic Navigator, ein ziemlich ‚intelligenter‘ Cursor, der dem Anwender viel von dem abnimmt, was er bei anderen Systemen über Menü und Befehle schalten und walten muß.

Schlaues Fadenkreuz

Im 2D entledigt er beispielsweise den Konstrukteur der Aufgabe, eine bestimmte Bemaßungsart zu wählen. Bereits beim Bewegen des Fadenkreuzes in die Nähe eines Elementes zeigt ein kleines Symbol neben dem Cursor an, welche Bemaßungsart hier die richtige ist. Das Auslösen mit der Maus genügt. Das System kennt alle Elemente, alle möglichen konstruktiven Bezugspunkte und setzt dieses Wissen in ständig wechselnde Voreinstellungen um.

Dieselbe Philosophie ist jetzt auch auf die 3D-Konstruktion übertragen worden. Genauso schnell, genauso bequem und genauso verblüffend einfach wie im Drafting.

WYSIWYG in 3D

Bei einer Verrundung sieht der Konstrukteur schon vor dem Auslösen mit der Maustaste, wie sie aussehen würde. Bei einem Schnitt durch ein Modell ebenso. Alle Punkte im Raum sind im Zugriff und bei Annäherung des Fadenkreuzes auch sichtbar, selbst wenn sie beispielsweise in einem schattierten Körper durch irgendwelche Flächen verdeckt sind.

Was der Beobachter noch vor gar nicht langer Zeit kaum zu träumen wagte, schickt sich offenbar an, zum Stand der Technik zu werden: Die Benutzerfreundlichkeit und Performance von 3D-Modellierern entspricht der von ausgereiften High-End-2D-Systemen.

Optimiert

Nach Angaben von SDRC kann die Durchgängigkeit der Datenstruktur und die vollständige Integration aller verfügbaren Module bereits jetzt in beiden Richtungen sehr weitgehend ausgenutzt werden.

Hin und zurück

Einerseits gibt es die halbautomatische Ausgabe von 2D-Ansichten, die automatisierte Erzeugung von NC-Daten und FEM-Netzen. Andererseits können auch rückwärts über die 2D-Zeichnung oder beispielsweise die FEM-Berechnung die 3D-Modelle selbst verändert werden.

Damit wäre erstmals eine echte und direkte Optimierung von Konstruktionen möglich. Ohne die bisher nötigen Iterationsschleifen von nacheinander geschalteter Konstruktion, Netzgenerierung und Fe-Berechnung.

Natürlich ist für solche Assoziativität unbedingte Voraussetzung, daß das 3D-Volumenmodell die absolute Priorität besitzt. In die I-DEAS Master Series integriert wurde eine Art Projekt Manager, der dafür sorgen soll, daß die automatischen Updates aller existierenden Ableitungen eines Modells kontrolliert erfolgen.

Zwar kann von verschiedenen Komponenten aus das eigentliche Teil modifiziert werden. Aber nicht in jedem Fall ist erwünscht, daß eine Änderung sich sofort auf alle bestehenden Daten auswirkt: beispielsweise, wenn es sich um eine lediglich temporär und versuchsweise durchgeführte Änderung handelt.

Teamdaten-Management

Vielleicht beginnt sich die Schere zwischen Pro-ENGINEER und dem Rest der CAD-Welt langsam zu schließen. Speziell für den Bereich der mechanischen Konstruktion hat SDRC mit der neuen Systemversion jedenfalls deutlich aufgeholt.

Das merken auch andere. Neben SDRC und IBM (wo I-DEAS schon lange unter dem Namen CAEDS vertrieben wird), zählt neuerdings auch Siemens zu den Anbietern. Offensichtlich bietet die Software große Vorteile gegenüber der auf Parasolid basierenden Eigenentwicklung.

Neue Freunde

Nach meinem Eindruck ist I-DEAS von den ‚alten' 3D-Systemen bezüglich der Umstellung auf eine wirklich durchgehend neue Softwarestruktur am weitesten gediehen. Es bietet einen sehr großen Leistungsumfang für den Engineering-Bereich. Und von der Oberfläche und Benutzerführung her dürfte es sogar insgesamt momentan den Anspruch erheben, den *state of the art* zu manifestieren.

3. Neue Methoden – Grundsätzliches

Die durch die neue Softwaregeneration möglichen Konstruktions- und Entwicklungsmethoden werden ihren Teil dazu beitragen, die Struktur des Industriebetriebes zu verändern.

Einerseits unterstützen sie die ohnehin erforderlichen Maßnahmen zur Reorganisation in Richtung *concurrent engineering* als eine die Bereiche übergreifende Produktentwicklung. Denn bezüglich der Geometriedaten ist das Volumenmodell – und nur dieses – dafür die geeignete Basis, weil es die einzige Form ist, die eine vollständige, eindeutige und umfassende Abbildung des Produktes gestattet.

Nur wenn sich alle Abteilungen, alle Mitarbeiter eines Projektteams wirklich über dieselben Daten unterhalten, am selben Modell arbeiten und alle Änderungen auch sofort allen zur Verfügung stehen, ist – zumindest EDV-technisch – der Grundstein gelegt, um die althergebrachten Abteilungsgräben zu überwinden.

Andererseits sind die neuen Methoden bereits ein Resultat der ersten 20, 30 Jahre CAD/CAM-Erfahrung. Mit ihnen wird nicht mehr einfach traditionelles Konstruieren nachgebildet. Es geht nicht mehr um den Ersatz des Zeichenbretts durch modernere Instrumente. Vielmehr stellen diese Techniken auch schon eine teilweise Realisierung von Utopien dar, die erst aufgrund von CAD-Anwendungen entstehen konnten.

Und sie fordern – auch ganz unabhängig von anderem betrieblichen Strukturwandel – ein radikales Umdenken.

Zwei Arten von neuen Methoden sind dabei zu unterscheiden:

1. Die grundsätzlich neuen Wege zur Beschreibung von Volumenmodellen und damit auch die neue Rolle, die 3D CAD künftig spielt. Darum geht es in diesem Kapitel.
2. Auf der anderen Seite stehen die ‚Abfallprodukte'. Das ist das, was sich in der Folge im gesamten Umfeld der sogenannten C-Techniken ändert. Davon handelt dann das folgende Kapitel.

3.1 Solid im Mittelpunkt

Die neue 3D-Softwaregeneration, die an einigen Beispielen in den vorangegangenen Kapiteln etwas näher beleuchtet wurde, ermöglicht einen Rollenwechsel des Volumenmodells.

Neuer Hauptdarsteller

Aus der bisherigen Nebenrolle – für spezielle Aufgaben angewandt von besonders erfahrenen Spezialisten – kann das Solid Modeling jetzt für sich eine Hauptrolle beanspruchen. Dies geschieht nicht von heute auf morgen, auch nicht im Verlauf von ein oder zwei Jahren, und auch nicht gleichmäßig in der gesamten industriellen Entwicklung und Fertigung, sondern Zug um Zug und sehr unternehmensspezifisch.

Die Mehrheit der Konstrukteure hatte bisher selbst dort, wo das letzte Brett schon lange verschwunden war, nichts mit 3D zu tun.

In mehr oder weniger naher Zukunft wird sich diese Mehrheit sogar in erster Linie mit dem 3D-Modell beschäftigen. Denn alles andere, einschließlich der traditionellen Fertigzeichnung, wird daraus abgeleitet.

In dem an anderer Stelle bereits erwähnten Betrieb John Deere erwägt man beispielsweise sogar, künftig für die Erstellung von 2D-Zeichnungen intern Kosten zu berechnen, während die Daten des Volumenmodells kostenlos zur Verfügung gestellt werden.

Rollenwechsel

Wie auch im einzelnen der Rollenwechsel aussehen mag,
sicher ist, daß er kommt.

Dabei lassen sich verschiedene Ausdrucksformen der
neuen 3D-Rolle bereits umreißen:

* 3D-Konstruktion

Die eigentliche Konstruktionstätigkeit wird sich auf den
Volumenmodellierer verlagern. Denn das Volumenmodell
läßt sich mit den heutigen Softwaresystemen viel schneller
und sinnvoller unmittelbar in 3D erzeugen, als auf den früher
notwendigen Umwegen.

Raumkonstrukteur

* Von 3D nach 2D

Auch wenn die Datenstrukturen künftig überwiegend eine
bidirektionale Assoziativität bieten, wird die 2D-Darstellung
nicht der Ort sein, um Modelländerungen durchzuführen.

Einerseits einfach deshalb, weil sie vielfach nicht eindeutig sind. In einem Schnitt zeigt sich eine Verrundungsfläche
als Radius. Aber was bedeutet ein ebener Radius für das 3D-
Modell?

*Eindeutig (und)
schneller*

Andererseits aber auch, weil eine konsequente Umstellung der Konstruktionsweise dazu führen wird, daß die Konstrukteure schneller und besser am 3D-Modell arbeiten.

Änderungen an Modellen werden also im wesentlichen
im Volumenmodellierer geschehen. Und die Zeichen-
möglichkeiten im 2D-Teil dienen lediglich zum Anbringen
von Zusätzen, um die Detailzeichnungen lesbar zu machen.

(Bei Pro/ENGINEER gibt es übrigens auch hier keine
Ablage von 2D-Geometrien. Nur die zusätzlich erzeugten
‚Striche' und Texte werden gespeichert. Aber für alles, was
das eigentliche Modell betrifft, gilt ausschließlich die Konstruktionshistorie des 3D-Teilemodus.)

* Keine geometrische Datenredundanz

Dies ist freilich eine Forderung, die vermutlich zuletzt realisiert werden kann. Aber einzelne Beispiele zeigen bereits heute, daß sie realisierbar ist.

Gültige Geometrie   Für die Bearbeitung entstehen die NC-Programme aufgrund des Modells. Eine gesonderte Eingabe der Geometrie wird zunehmend überflüssig werden. Aber auch die manuelle Änderung von NC-Sätzen in der Fertigung oder Arbeitsvorbereitung ohne entsprechende Änderung des Produktmodells wird aussterben. Denn an dieser Stelle wird gegenwärtig noch in sehr vielen Fällen die Gültigkeit der CAD-Daten aufgehoben. Dasselbe gilt für alle anderen Applikationen, die die Geometrie verwenden und weiter verarbeiten.

Daß dies keine fixe Idee ist, sondern ein Zwang für die anwendende Industrie, zeigen beispielsweise die ISO-Festlegungen zur Produkthaftung. Hier werden die Produzenten künftig verpflichtet, über einen Zeitraum von 25 Jahren alle Daten aus der Entwicklung, über die Produktion bis hin zur Entsorgung, nachweisen zu können.

Schon solche gesetzlichen Rahmenbedingungen allein werden dazu beitragen, daß auf die Einheitlichkeit und Eindeutigkeit der Produktdaten geachtet wird. Und im Zentrum dieser Daten steht nun einmal die Geometrie eines Teils.

Beispiel mit Esprit

Das nachfolgend beschriebene Beispiel zeigt sehr anschaulich, wie die Volumenmodellierung in der Praxis aussehen könnte.

Europäischer Geist   Im Frühjahr 1993 wurde das Esprit-Forschungsprojekt 5168 abgeschlossen, seine Ergebnisse vorgestellt. Es trug den Titel CACID, eine Abkürzung für *Computer Aided Concurrent Integral Design*. Im Rahmen dieses Projektes setzten deutsche, französische, italienische und österreichische Institute und Softwarehersteller ein Beispiel für das, was allenthalben unter *Concurrent* oder *Simultaneous Engineering* gehandelt wird.

Das französische Ingenieurunternehmen Dessindus in Colmar übernahm die Rolle des Betriebes, der die Forschungsergebnisse in der Entwicklung und Fertigung von Sondermaschinen auf ihre Praktikabilität hin prüfen sollte.

Die Gesamtprojektleitung lag bei Nestler, dem Hersteller des 2D-Systems NESCAD, der inzwischen zu strässle gehört.

strässle wiederum zählt zu den ACIS-Applikationsanbietern, die gegenwärtig in der Entwicklung am weitesten fortgeschritten sind.

strässle SOLID als 3D-Volumenmodellierer des Gesamtsystems KONSYS 2000 basiert vollständig auf ACIS. Und über kurz oder lang treffen sich vermutlich alle Produkte des Softwareangebotes von strässle auf dieser gemeinsamen Grundlage.

Im Rahmen des Projektes stellte sich schnell heraus, daß nicht NESCAD, sondern strässle SOLID der geometrische Dreh- und Angelpunkt sein mußte.

Angelpunkt SOLID

Entwurf mit System

Eines der vordringlichen Ziele von CACID bestand darin, mehreren Konstrukteuren zu ermöglichen, durch die gesamten Entwurfs- und Detaillierungsphasen hindurch parallel am selben Modell zu arbeiten. Das nämlich war gemeint mit *Concurrent Integral Design*.

Parallele Konstruktion

Schon die Tatsache, daß auch der Entwurf Gegenstand des Projektes sein sollte, zeigt einen grundsätzlichen Unterschied zu herkömmlichen CAD-Lösungen. Denn generell dienten die verfügbaren Systeme nur oder fast ausschließlich zur Zeichnungsdetaillierung. Zuerst mußte der Konstrukteur wissen, wie das Teil aussah, und welche Maße es haben sollte. Dann konnte das CAD-Paket zum Zug kommen.

Das Procedere bei CACID sieht dagegen folgendermaßen aus:

Zunächst werden die alternativ verwendbaren Wirkprinzipien des zu entwickelnden Produktes und die jeweils in Betracht gezogenen technischen Lösungen bis hin zur Entscheidung für die konkret zu realisierende beschrieben.

Wirksame Lösung

Darauf folgt der Entwurf des Bauteils (der Maschine, des Gerätes) in groben Umrissen als Volumenmodell. Hier müssen zunächst nur die absoluten Außenmaße in etwa stimmen.

Konstruktion im ‚Raum'

Nun werden, entsprechend den funktionalen Untergliederungen des späteren Produktes, mehrere Volumina, einfache Hohlräume in das Modell gelegt. Sie dienen der Aufteilung in einzelne, von verschiedenen Ingenieuren zu bearbeitende, Parts. Bei CACID heißen diese Räume *Design Spaces*. Sie können sich überlappen, was an all jenen Stellen erforderlich wird, an denen auch funktional Schnittstellen sind, zum Beispiel bei einer Welle, die verschiedene andere Elemente trägt.

In allen ‚Räumen', die sich nicht überlappen, kann jetzt unabhängig voneinander konstruiert werden. Die Überlappungs-Zonen bedürfen dagegen der Absprache und gemeinsamen Festlegung durch das Projektteam.

Produkt-Entwicklungsgeschichte

Zusammen mit dem wachsenden Modell werden alle einzelnen Entwicklungsschritte mitgespeichert, und zwar nicht nur geometrisch. Auf diese Weise entsteht parallel zum Produkt auch seine Geschichte.

Jede einzelne Entscheidung für oder gegen bestimmte Detail-Alternativen kann so später nachvollzogen werden. Konstruktionsänderungen werden dadurch wesentlich unterstützt. Dem Konstrukteur steht damit die Möglichkeit offen, einen alternativen Weg, der irgendwann nicht weiterverfolgt wurde, erneut zu beschreiten.

Roll-Back

strässle SOLID enthält übrigens generell – unabhängig von der CACID-Entwicklung – die Möglichkeit des sogenannten Roll-Back-Verfahrens. In einem kleinen Fenster am Bildschirmrand werden die Konstruktionsschritte wie die Haltestellen einer Buslinie aufgezeichnet. Bei einer Konstruktionsalternative entsteht eine Abzweigung. Per Anklicken der ‚Haltestellen' kann nun zwischen den Alternativen hin- und hergeschaltet werden.

Die Design Spaces in CACID sind ständig grafisch interaktiv zu überwachen und getrennt voneinander zu aktualisieren. So kann jeder der am Projekt arbeitenden Konstrukteure sehen, wie weit zum Beispiel das angrenzende Teil gediehen ist.

Ein Zugriff auf das Produktmodell ist also gleichzeitig möglich, ohne einen undefinierbaren Gültigkeitszustand hervorzurufen, wie dies mit herkömmlichen CAD-Systemen der Fall wäre.

Immer aktuell

Auch die Möglichkeit einer Projektstatus-Kontrolle läßt sich mit CACID realisieren. Dies ist ein Wunsch aus der Praxis bei Dessindus. Denn durch die Einführung von CAD sind vielerorts die Möglichkeiten des Konstruktions- oder Projektleiters nahezu verschwunden, festzustellen, wie weit einzelnene Teilprojekte gediehen sind.

CACID zeigt, welche Möglichkeiten sich innerhalb der Konstruktion mittels 3D-Anwendung auftun. Es zeigt die neue Rolle, die 3D für die Produktentwicklung spielen wird. Und das Forschungsprojekt ist ein Beispiel für die gemeinsamen Bemühungen von Industrie, Wissenschaft, Normungsinstanzen und Softwareherstellern, mit der CAD-Technologie neue Wege zu erschließen.

Beteiligt an CACID waren:

Nestler Electronics als Projektführer, das RPK unter Leitung von Professor Grabowski an der Universität Karlsruhe, das französische Normeninstitut afnor in Paris, die Fiat-Tochter TECNATION in Turin, die FAST Falco Standard in Wien, STI strässle in Zürich und das Ingenieurunternehmen Dessindus in Colmar.

3.2 Feature Based Modeling

Auf Basis der neuen Systemgeneration wird sich die in den letzten Jahren geführte Debatte um die Technik der Konstruktion mit Formelementen, eben Feature Based Modeling, noch verstärken.

Geometrische Objekte

Features sind zunächst einfach Objekte, die nicht unbedingt geometriebehaftet sein müssen. Objekte mit definierten

Eigenschaften, die mit definierten Methoden bearbeitet werden können. *Formelemente, Formfeatures* oder *Konstruktionselemente,* heißen Objekte, die (unter anderem, aber auch vor allem) die Eigenart haben, daß sie mit Hilfe von Geometrie zu beschreiben sind.

Neben der Geometrie stehen aber immer noch andere Attribute oder Eigenheiten. Diese zusätzlichen Eigenschaften machen im einzelnen den besonderen Charakter der Features aus.

Zum Beispiel können Toleranzen, Oberflächenbeschaffenheit oder Fertigungsvorschriften ein Objekt zum Fertigungs-Formelement machen. Solche Formelemente gehen deutlich über reine Konstruktionselemente hinaus.

Die Oberfläche eines Modells mag teilweise 3-achsig, teilweise 5-achsig zu fräsen sein, Bohrungen sind anzubringen. Ein vollständiges Volumenmodell kann sich aus einer Vielzahl einzelner zu bearbeitender Formelemente zusammensetzen.

Informationsträger Formelement

Grundsätzlich wichtig und neu an feature-basierter Konstruktion ist eben die Tatsache, daß überhaupt andere als Geometrieinformationen zusammen mit den geometrischen Daten verwaltet, übertragen und verarbeitet werden können.

Weiterhin bedeutend ist, daß sehr komplexe Strukturen solcher Elemente erzeugt und verwaltet werden können, in denen die Beziehungen der Elemente untereinander über Parameter und Attribute eindeutig sind. Das gilt für einzelne Baugruppen, den Zusammenbau von Teilen, ja sogar solcher Daten wie der Geometrie der Spannelemente und Werkzeuge, die zur Bearbeitung vorgesehen sind.

Es gibt noch sehr konträre Philosophien darüber, wie die erforderlichen Informationen zusammengetragen und verwaltet werden sollen. Bezüglich der Bearbeitung existieren beispielsweise die folgenden:

Wer definiert was?

1. Der Konstrukteur erzeugt bereits Fertigungsfeatures. Er soll die Bearbeitungsbedingungen und technologischen Restriktionen schon in der Konstruktion berücksichtigen.

2. Der Konstrukteur liefert Formfeatures, die in AV und Fertigung um die fehlenden technologischen Daten ergänzt werden.
3. Die kompletten Volumenmodelldaten werden von speziellen Programmen automatisch oder automatisiert in Fertigungsfeatures zerlegt.
4. Mit Hilfe von Advisor-Modulen steht dem Konstrukteur das nötige Fertigungs-Know-How zur Verfügung. Die Zuordnung von Technologiedaten zur Geometrie erfolgt weitgehend automatisiert während der Entwicklung.

Was bezüglich der Bearbeitung gilt, läßt sich auf andere Bereiche wie FEM, CAQ, etcetera und die dort jeweils benötigten Informationen übertragen. Mit reinen Solids wären solche Vorgehensweisen nicht möglich.

Hydraulisches Beispiel

Bei Lucas Fluid Technik in Düsseldorf wurde Ende 1990 I-DEAS installiert. Die geschilderte Anwendung basierte also noch nicht auf der Master Series, sondern auf einer älteren Version.

Viele Merkmale der neuen Systemgeneration waren hier *Ansätze* nur erst in Ansätzen sichtbar. Beispielsweise stellte sich die Oberfläche des Gesamtsystems noch modular unterschiedlich dar, die Durchgängigkeit der Daten fußte noch nicht auf einem einheitlichen Kern, Komfort und Tempo in der Modellierung waren durchaus noch nicht auf dem Niveau der neuen Version.

Dennoch stiegen die Anwender bereits um auf 3D-Konstruktion – nicht zu Sonderzwecken, sondern prinzipiell.

Das Unternehmen liefert Hydraulik-Komponenten aller Art, insbesondere auch die zugehörigen Steuerblöcke mit integriertem Leitungssystem und Anschlüssen.

Früher übliche Schlauch- und Rohrverbindungen wer- *Kompliziertes* den heute üblicherweise durch ein mehr oder minder kom- *Rohrsystem* pliziertes System von Bohrungen innerhalb kompakter Leichtmetallblöcke ersetzt. Die Konstruktion dieser Geräte ist in Düsseldorf das Einsatzgebiet für I-DEAS.

Feature ersetzt Symbol

Der typische Ablauf eines Projektes beginnt mit der Erstellung des Schaltplans und der Auswahl der erforderlichen Steuerventile. Anschließend wird der Steuerblock unmittelbar als Volumenmodell entworfen und ausgearbeitet. Aus dem 3D-Modell lassen sich schließlich Fertigzeichnung und Maßblatt – eine spezielle Darstellung mit Außenmaßen und Anschlußgrößen – weitgehend automatisiert – ableiten.

Standardteile-Bibliothek

Gewindeanschlüsse, Formbohrungen, Ventile, Motoren, Tanks und andere Hydraulik-Standardteile, die immer wieder zum Einsatz kommen, werden als 3D-Formelemente definiert.

Einmal erzeugt und mit bestimmten Parametern ausgestattet, können sie in Neukonstruktionen beliebig eingebaut und entsprechend den konkreten Anforderungen modifiziert werden.

Neben den geometrischen Beziehungen kann die Parametrisierung auch in Form von Gleichungen und/oder Maßwertetabellen erfolgen.

Ende offen

Bereits rund einhundert solcher Formfeatures sind bei Lucas Fluid Technik generiert und gespeichert, Ende offen. Der große Vorteil dieser Methode gegenüber zugekauften Normteilen oder gar den früher üblichen Symbolen liegt in ihrer wesentlich besseren Anpassungsfähigkeit an die betrieblichen Bedürfnisse und in der hohen Flexibilität.

Der Konstrukteur wählt ein Ventil aus. Er bestimmt mit dem Fadenkreuz, an welcher Stelle des Modells das neue Element eingebaut wird. Dazu läßt sich der Steuerblock bequem so drehen, daß die Einbauposition optimal im Visier ist. Jetzt gibt er noch an, wie das Feature ausgerichtet sein soll – ebenfalls grafisch interaktiv – fertig.

Denn den ‚Rest', die Verschneidung des Formelementes mit dem Steuerblock, eventuell mit anderen bereits eingebauten Elementen, übernimmt die Software.

Flexibel

Dem herkömmlichen Arbeiten mit Normteilen, auch im 3D-Bereich, fehlte nicht nur diese Leichtigkeit und dieses Tempo des Einbaus.

Denn auch nach dem festen Positionieren, nach der Bestimmung von Lage und Richtung, ist der Konstrukteur bei der Arbeit mit Formelementen nicht gebunden.

Er kann die Richtung des Features ändern, die Position, und die Parameter. Und alle Randbedingungen bezüglich des Gesamtmodells werden automatisch nachgeführt.

Änderungsfreudig

Dabei haben die Formelemente den zusätzlichen Vorteil, daß sie unempfindlich auch gegen Änderungen der Topologie sind, die sich beispielsweise aus einer Lageveränderung sehr leicht ergeben können.

Eine ursprünglich durchgehende Bohrung wird durch Neupositionierung zum Schnitt mit einer anderen Bohrung gebracht. Die reinen Solid Modeler der ersten Generation mußten da meistens versagen. Feature Based Modeling ist hier produktiv einsetzbar.

Dabei hielten sich die Rechenzeiten schon vor der Master Series – auf zwei HP-Workstations mit jeweils 32 MByte Hauptspeicher – selbst bei schwierigeren Teilen nach Angaben der Anwender in akzeptablen Grenzen.

Sehen statt Vorstellen

In diesem Beispiel zeigt sich ein weiterer zentraler Vorteil der 3D-Modellierung, von der man bei Lucas Fluid Technik nicht mehr abrücken will:

Mit traditionellen 2D-Konstruktionsmethoden waren mögliche Überschneidungen und Kollisionen, beispielsweise von Bohrungen oder Anschlüssen, erst recht innerhalb der Hydraulikblöcke, nie sichtbar (zumindest nicht auffällig). Immer wieder kam es zu Auslegungsfehlern, die erst bei der Fertigung des Prototyps bemerkt wurden.

Auffällig fehlerfrei

Solche Fehler, die zu wiederholten Konstruktionsänderungen und Prototypenläufen zwangen, hatten ihre

Ursache ausschließlich in dem grundsätzlichen Manko der 2D-Darstellung. Denn in dieser Hinsicht unterscheidet sich der Bildschirm nicht vom Brett.

Am 3D-Modell, mit den Mitteln der Schattierung und der unbeschränkten Beweglichkeit des Teils auf dem Monitor, konnten diese ‚Konstruktions'-Fehler sehr rasch gegen Null reduziert werden.

Und allen gegenteiligen Erfahrungen mit früheren Modellierern zum Trotz: Auch die Konstruktionszeit selbst ließ sich gegenüber der herkömmlichen Methode deutlich senken.

3.3 Parametrik

Parametrik, oder *Constraint Management*, ist ein relativ junges Verfahren in der Konstruktion. Konstruiert werden nicht einzelne, geometrische Elemente oder Solids, die dann miteinander kombiniert, verschnitten oder voneinander subtrahiert werden.

Beziehungen sind alles

Bei der Konstruktion kommt es auch nicht so sehr auf die Maße an wie bei herkömmlichen Konstruktionsmethoden. Vielmehr sind vom ersten Element an die Beziehungen innerhalb der Gesamtkonstruktion von zentraler Bedeutung.

Auch das Konstruieren mit Formelementen basiert im Grunde auf Parametrik. Denn die Steuerung der Eigenschaften von Formfeatures geschieht ja über Parameter.

Aber es ist möglich, nicht parametrisierte Volumenmodelle zu erzeugen, und sie anschließend in Fertigungs-Formelemente zu zerlegen. Dadurch ändert sich an dem ‚dummen', nicht parametrisierten Volumenmodell nichts. Andererseits kann eine Baugruppe vollständig parametrisiert sein, ohne daß sie irgendwelche anderen Informationen beinhaltet als die geometrischen Beziehungen.

Parameter können unmittelbare Abhängigkeiten sein. Eine Kante soll stets einen bestimmten Radius tangieren. Dabei ist es unwichtig, wo letztlich der Mittelpunkt des Radius liegt, und welcher Wert ihm zugeordnet wird. Zwei Aussparungen sollen fluchten, gleichgültig wie sich ihre Grundseiten darstellen.

Parameter können auch Gleichungen beliebiger Form sein. So mag ein Verrundungsradius entsprechend einer genau definierten Sinusfunktion entstehen, oder eine Kurvenfunktion wird als Erzeugende einer Freiformfläche verwendet.

Eine Mischung dieser Formen von *Constraints* ergibt sich zwangsläufig. Parameter einzelner Elemente können zum Bestandteil von Formeln für die Parameter anderer Elemente werden. Beispiel: Der Durchmesser einer Stirnbohrung soll immer der Hälfte des Außendurchmessers einer Welle entsprechen.

Komplexe Formeln machen das Konstruieren leichter

Im Verlauf einer Modellerstellung entsteht so rechnerintern ein Modell von Parametern, eine Historie der Konstruktion.

Bei Pro/ENGINEER hat diese Parametrik ausschließlichen Charakter. Bei I-DEAS, strässle SOLID und anderen wird dem Konstrukteur gestattet, auch nur teilweise parametrisierte Modelle zu erzeugen und abzuspeichern.

In jedem Fall erfordert Parametrik eine hybride Datenstruktur. Außer den reinen Geometriedaten, die meist nach dem B-Rep-Verfahren verwaltet werden, muß auch über die Historie der Konstruktion verfügt werden können, üblicherweise mit der CSG-Methode.

Varianten und Standardteile

Im Ergebnis kann das 3D-Modell über einzelne Parameter sehr schnell geändert werden. Da ein Element exakt definierte Beziehungen zum Rest des Modells hat, führt die Änderung jedes einzelnen Parameters unmittelbar zur Modifikation des gesamten Teils.

Das kann – und sollte – auch über ein einzelnes Bauteil hinausgehen können, so daß die Änderung eines Elementes automatisch zur Anpassung angrenzender Elemente auch eines anderen Bauteils führt. Von daher eignet sich diese Methode ganz besonders für die 3D-Variantenkonstruktion aber auch für die Verwaltung von Norm- und Standardteilen.

Übergriffe

Der große Vorzug der Parametrik, sehr einfache Konstruktionsänderungen zu gestatten, birgt zugleich auch einen Haken. Denn fallen aufgrund einer Änderung eines Teils bestimmte Parameter weg, auf die sich andere Elemente beziehen, dann wird unter Umständen das gesamte Modell unbrauchbar. Dies gilt auch dann, wenn durch zusätzliche Elemente vorher vorhandene Beziehungen in unzulässiger Weise gestört würden.

Umstellung erwünscht

Parametrisches Konstruieren bedeutet also eine sehr tiefgreifende Umstellung der Denkweise. Die Effektivität einer solchen Umstellung liegt allerdings auf der Hand.

Statt der früher erzwungenen Neukonstruktion oder aufwendigen Konstruktionsänderungen, genügt häufig die gezielte Modifikation eines einzelnen Elementes über wenige Parameter, um ein vollständig neues Konstrukt zu erhalten.

Der Anwender wird aber sehr nachhaltig für Nachlässigkeiten bestraft. Er muß während der gesamten Konstruktion darauf achten, daß die gesetzten Parameter ihn nicht unnötig in seiner Beweglichkeit einschränken. Andernfalls gilt: nochmal von vorn.

Radikal Umdenken

Vom ersten Element an, ja von der ersten Hilfskontur zur Erzeugung dieses Elementes, muß gründlich bedacht werden, auf welche Beziehungen es bei dem Element in erster Linie ankommt, und welche untergeordnet sind. Ein Beispiel soll dies veranschaulichen:

Für ein Gerät soll das Gehäuse entworfen werden. Ein Quader bietet sich als Grundkörper an. Beidseitig müssen aus funktionalen Gründen mehrere zueinander fluchtende Aussparungen angebracht werden. Deren Position und Ausmaße können variieren.

Mit herkömmlicher CAD-Konstruktion wäre schnell eine mögliche Lösung gefunden. Doch wenn es darum geht, mit Hilfe der Parametrik die Grundlage für Teilefamilien, für möglichst flexible Variantenkonstruktion zu legen, dann muß weitergedacht werden.

Welche Parameter sollen den Quader definieren? Soll es grundsätzlich ein Quader sein, dann genügen die rechten Winkel. Aber für den Fall der Asymmetrie, für den Fall, daß Seitenwände des Gehäuses beispielsweise in bestimmtem, von 90 Grad verschiedenen Winkeln ausgestellt werden sollen, muß bereits an diesem Punkt des Entwurfs dafür Sorge getragen werden, daß solche Varianten auch möglich sind.

Einfaches kann komplizierter werden

Mit anderen Worten: Die Symmetrie des Gehäuses darf nicht Bestandteil der Parametrisierung sein, wenn sie nur eine Variante der Konstruktion darstellt.

Und weiter: Auch bezüglich der Aussparungen muß der Konstrukteur berücksichtigen, welche konkreten Formen die Seitenwände des Gehäuses annehmen können. Denn im Falle einer schrägen Seitenwand ist das Fluchten der Aussparungen nur zu realisieren, wenn sie nicht durch einen rechten Winkel zur Gehäusewand definiert wurden.

Schon dieses sehr einfache Beispiel zeigt, daß parametrische Konstruktion ein gründlich verändertes Denken des Ingenieurs voraussetzt – beziehungsweise erforderlich macht.

Was bei einem simplen Gehäusekasten mit zwei Aussparungen gilt, das hat noch ganz andere Tragweite, wenn es um Bauteile, Baugruppen, Produkte aus dem täglichen Leben geht, wie Motorengehäuse, Armaturen, Waschmaschinen und anderes.

Mit den Möglichkeiten der Parametrik können zunehmend alle Arten von Produkten auch als Varianten beschrieben werden. Aber zumindest gegenwärtig wird die erforderliche ‚Umschulung' der Konstrukteure, Ingenieure und technischen Zeichner, zu wenig ernstgenommen.

Neuer Varianten-Boom?

Mit der Einführung der neuen Modellierer allein ist es nicht getan. Die Einführung des Bedienpersonals in die neuen Konstruktionsmethoden, vielleicht sogar ganz unabhängig vom jeweils eingesetzten System, ist mindestens von derselben Bedeutung.

Sonst werden die gebotenen Möglichkeiten und das darin steckende Rationalisierungspotential nur zu einem Bruchteil ausgenutzt.

4. Neue Methoden –
in der Konsequenz

Es kann nicht ausbleiben, daß bei einem so grundlegendem Wandel der Kernsysteme im CAD/CAM-Bereich auch der Rest der C-Techniken ebenso prinzipiellen Änderungen unterworfen ist.

Mit dem Rollenwechsel der 3D-Modellierung wechseln zugleich auch 2D-Zeichnungserstellung, NC-Programmierung, FEM-Berechnung und andere Techniken ihre Rolle im Entwicklungs- und Fertigungsprozeß.

Vielleicht noch mehr als bei der eigentlichen Konstruktionsmethode könnte dieser Bedeutungswandel auf Widerstand stoßen. Denn mit der Technik gewinnen oder aber verlieren auch die bisher zuständigen Bereiche der Unternehmen an Bedeutung und Verantwortung.

Folgenreicher Wandel

Automatische Netzgenerierung und überschlägige Berechnungen wecken in der Regel nicht die Begeisterung der Berechnungsabteilung. Und die Berücksichtigung von technologischem Know How aus der Fertigung wird auch nicht alle Konstrukteure vor Freude strahlen lassen.

Die möglicherweise fehlende Euphorie sollte indes nur ein Grund mehr sein, in der Umstellung der Konstruktionsmethodik und der CAD/CAM-Anwendung nicht bloß eine Frage einer erneuten Systemauswahl zu sehen.

Akzeptanz verlangt
Umsicht
bei der Umstellung

Ob sich eine solche Umstellung lohnt, hängt mehr denn je davon ab, ob sie als wesentlicher Bestandteil einer umfassenden Firmenstrategie gesehen und behandelt wird.

Die begleitenden und vorbereitenden Maßnahmen zur Einführung der Mitarbeiter sind mindestens von derselben Bedeutung wie die rein technischen Maßnahmen zur Sicherstellung eines reibungslosen DV-Betriebs.

Wenn die mit den neuen 3D-Systemen gebotenen Möglichkeiten nicht umfassend genutzt werden, verschenkt der Anwender den größten Teil des darin steckenden Einsparungspotentials. Eine durchgängige Datenbasis, eine vollständige Assoziativität zwischen verschiedenen Modellzuständen wirkt sich erst produktiv aus, wenn alle Bereiche auch entsprechend damit arbeiten.

Verschenkte Chance

Man kann natürlich trotz 3D-Modell beispielsweise bei herkömmlichem CAM bleiben: Der Konstrukteur gibt eine 2D-Darstellung des Modells aus, die AV erstellt dazu ein NC-Programm und der Maschinenbediener darf das nach Lage der Dinge nochmals korrigieren.

Dieses Vorgehen, bisher leider in den meisten Fällen immer noch der schnellste und effektivste Weg, um Späne fliegen zu lassen, ist künftig nicht mehr erforderlich.

Nachfolgend sollen einige der neuen Möglichkeiten erläutert werden. Viele Wege, die durch die neue Generation von Modellierern geöffnet werden, wird man erst im Laufe der nächsten Jahre erkennen. Aber schon jetzt gibt es verfügbare Applikationen und sichtbare Ansätze. Davon handelt dieses Kapitel.

4.1 2D-Abfall

Aus der zur Zeit noch am weitesten verbreiteten CAD-Anwendung überhaupt wird – Abfall. Ein Abfallprodukt nämlich, das weitgehend automatisch aus dem Volumenmodell abgeleitet werden kann.

Die Erstellung der technischen Zeichnung erfordert eigentlich zunehmend nur noch korrigierende und ergänzende Aktionen.

Unnötige Mühe

Das bedeutet, daß viele Fähigkeiten einfach nicht mehr gebraucht werden, die man den Systemen in den vergangenen Jahrzehnten mühsam beigebracht hat – vieles davon mit besonderem Augenmerk auf die Ansprüche deutscher Ingenieure.

Bemaßung und Schraffur zum Beispiel: Sie sind jetzt ohnehin und vollständig assoziativ wie die ganze Geometrie und alle ihre Darstellungsarten.

Schnittdarstellungen und verschiedene, ebene Ansichten eines Teils erfordern, wenn sie vom Konstrukteur oder technischen Zeichner angefertigt werden, räumliches Vorstellungsvermögen und eine Menge an Übereinkünften darüber, wie welche Symbolik zu verstehen ist. Bei Verwendung der neuen 3D-Systeme entledigt die Software in der Regel den Anwender von solchen Überlegungen.

Grafisch interaktiv kann er Ansichten und Schnitte durch das Modell auswählen. Das gilt auch für perspektivische Ansichten. Sie lassen sich entweder automatisch entsprechend bestimmter Normen oder durch gezieltes Positionieren des Modells am Bildschirm erzeugen.

Nach der Ausgabe stehen dann normalerweise in einem 2D-Modul die bekannten Funktionalitäten herkömmlicher CAD-Pakete für die Zeichnungsdetaillierung bereit.

Bezüglich der Ansichten sollte der Konstrukteur problemlos ihre Position zueinander und den Darstellungsmaßstab verändern können.

Da die Grundlage aller dargestellten Ansichten das 3D-Modell ist, sorgt wiederum ein Automatismus dafür, daß nach jeder Änderung alle Ansichten übereinstimmen, einschließlich dem Fluchten beispielsweise von Vorderansicht und Draufsicht.

Das bei vielen CAD-Programmen bis dato umständliche Definieren von zu schraffierenden Flächen entfällt.

Das System ‚weiß‘ ja, an welcher Stelle das Modell durchgeschnitten wurde. Es ‚kennt‘ die Schnittfläche.

Aus diesem Grund dürften künftig die meisten Applikationen in der Lage sein, Schraffuren vollautomatisch zu erzeugen.

Die zusätzliche Tätigkeit des Anwenders wird sich auf die eventuelle Änderung des Schraffurmusters, der Abstände zwischen den Schraffurlinien oder des Winkels zwischen ihnen und der Horizontalen beschränken können.

Auch bei der Bemaßung ist viel automatisierbar, insbesondere bei der Anwendung parametrischer Konstruktion. Denn in diesem Fall sind die aktuellen Parameter auch die Maßwerte, mit denen das Modell eindeutig beschrieben ist.

Aber auch ohne Parametrik wird die Bemaßung künftig weniger Aufwand erfordern. Denn das Modell ist in jedem Fall vollständig und eindeutig beschrieben, seine Abmaße sind Bestandteil der Geometrie.

Maß mit Ziel

Dennoch erfordern die Maße generell mehr korrigierende Eingriffe als die Schraffur. Das betrifft zum Beispiel die Positionierung. Radius oder Durchmesser eines Elementes tauchen in der 2D-Zeichnung an verschiedenen Stellen auf. Das System muß sich für eine Ansicht entscheiden, in der die Bemaßung erscheint.

Mit dieser automatischen Entscheidung wird der Konstrukteur im einen Fall zufrieden sein, im anderen eben nicht.

Das System sollte ihn bei der Neupositionierung allerdings sehr effektiv unterstützen können. Die Identifizierung des zu ändernden Maßes und der Ansicht, in der es besser plaziert scheint, müssen eigentlich genügen.

Die Güte

Aber auch andere Angaben, die normalerweise unter dem Thema Bemaßung anzusiedeln sind, gehören noch keineswegs standardmäßig zu den Informationen, die das 3D-Modell enthält.

In erster Linie sind hier Toleranzen, Angaben zur Bearbeitung und zur Beschaffenheit der fertigen Oberfläche angesprochen.

Hierzu muß das eingesetzte System speziell ausgelegt sein. Es muß nicht nur mit Formfeatures umgehen können, sondern auch eine komfortable Oberfläche bieten, die die Definition der entsprechenden Attribute in etwa so einfach macht, wie dies heute schon bei der Geometrie der Fall ist.

Anpassung und Änderung

Manche der beschriebenen Automatismen zur Unterstützung der Zeichnungserstellung gab es auch schon bei älteren Versionen von 3D-Systemen.

In der Regel bestand die Lösung darin, von einem jeweils aktuellen Stand des Modells die zu diesem Zeitpunkt gültigen Daten in einer 2D-Darstellung zur Verfügung zu stellen.

Aber nur mit unerhörtem Aufwand waren sehr wenige Applikationen auch imstande, die Verbindung zwischen diesen Daten und dem Modell aufrechtzuerhalten, weil die Datenbasis eine andere war.

Heutige Programme bieten die Möglichkeit, die 2D-Daten jederzeit aktuell zu halten. Das bedeutet, die Zeichnungserstellung kann schon erfolgen, wenn das Modell nur erst entworfen und in seinen endgültigen Abmaßen noch gar nicht definitiv beschrieben ist.

Denn die Zeichnung wird automatisch dem geänderten Modellzustand angepaßt.

Aber das ist noch nicht alles. Da alle Darstellungen auf dieselben Daten des einzigen 3D-Modells zurückgreifen, ist auch über die 2D-Zeichnung das Modell zu ändern.

Mit anderen Worten: Häufig merkt der Konstrukteur erst bei der Detaillierung, bei der wirklichen Bemaßung eines Elementes, die Notwendigkeit einer Maßänderung.

Und aus diesem Grunde ist es wichtig, daß die Assoziativität nicht nur von 3D nach 2D geht, sondern auch umgekehrt. Es muß dem Anwender im Einzelfall überlassen bleiben, wer mit welchen Mitteln das Modell ändert.

Natürlich gilt dies nur für Änderungen, die eindeutig sind. Zum Beispiel Winkel- oder Durchmesseränderungen. Nicht aber für irgendwelche zusätzlichen Geometrien, wie Verrundungsradien oder Auszugsschrägen.

Die Assoziativität muß der Entlastung des Konstrukteurs und Zeichners von zeitaufwendigen Routinetätigkeiten dienen. Es wäre falsch, sie zu mißbrauchen, indem echte Modellmodifikationen nun nicht direkt im 3D-Modul, sondern in davon abhängigen Applikationen durchgeführt würden.

4.2 NC-Bearbeitung

Die programmgesteuerte Maschinenfertigung mechanischer Bauteile, bis hin zum 5-achsigen Feinschlichten komplexer Freiformoberflächen, gehört mit zu den ältesten Anwendungsgebieten der technischen EDV.

Doch obwohl sie etwa zur selben Zeit ihre Entstehung feierte wie die 2D-CAD-Konstruktion, haben sich beide Seiten ziemlich unabhängig voneinander entwickelt.

Jeder für sich

Schwerer wiegt allerdings, daß sie nach wie vor häufig unabhängig voneinander eingesetzt werden.

Eine Sonderrolle nehmen hier die Flächenmodellierer mit ihrer sehr weitgehend integrierten und automatisierten 3- bis 5-Achsenbearbeitung ein. Diese Problematik soll eingehender im nächsten Kapitel betrachtet werden.

Das Drama war die Situation in der Bearbeitung von prismatischen Bauteilen. Gerade die Teile, die von ihrem Äußeren her den Eindruck machten, daß sie leichter zu fertigen sein müßten, gerade diese Teile ließen die CAD/CAM-Anbieter immer wieder verzweifeln. Und die Anwender erst recht.

Zum einen wegen der Geometrie: Sie ist zwar meist hauptsächlich aus Regelflächen zusammengesetzt, aber ihre Komplexität, die große Anzahl von Flächen und Elementen, die in einer Baugruppe gemeinsam beschrieben werden müssen, ist enorm. Jedenfalls zu groß für die Volumenmodellierer der ersten Generation. Kam hinzu, daß Verrundungen – beispielsweise für die Fräsbearbeitung unverzichtbar – kaum definiert werden konnten.

Der Teufel im Detail

Zum anderen lagen die Probleme im Detail, in der schier unüberschaubaren Vielzahl von Bearbeitungsmöglichkeiten, aber auch in der Werkzeugauswahl und den möglichen Kollisionen zwischen Werkzeug, Bauteil und Aufspannung.

Zwar konnte die NC-Programmierung immer bequemer gemacht, die Technik der programmierten Maschinen verfeinert werden. Und ohne Zweifel wurden hier große Fortschritte erzielt und in der Praxis mehr Produktivitätssteigerung erreicht als durch die meisten anderen C-Techniken.

Von wegen
„papierlose Fabrik"

Doch der unmittelbare Anschluß an die CAD-Daten fehlt noch in den meisten Fällen. Oft werden aufgrund von CAD-Zeichnungen nochmals die Geometrien der Teile definiert. Mit eigens entwickelten, grafischen Editoren der NC-Programmierplätze. Oder – das ist schon fortschrittlich – die CAD-Daten werden über eine Schnittstelle an das Programmiersystem übergeben.

Vor oder nach dem Transfer müssen sie dafür in der Regel aufbereitet werden. Maße, Texte, Schraffuren, kurz alles, was nicht Bearbeitungskontur ist, wird herausgefiltert.

Und je nach eingesetztem System müssen die Geometrien selbst auch noch überarbeitet werden. Beispielsweise um dafür zu sorgen, daß alle Elemente in einem Konturzug gleichgerichtet sind und stets aufeinander folgen.

Anachronismus im Prisma

Dieses Vorgehen ist eine Zwischenlösung. Bei genauer Betrachtung ist es ein absolutes Paradoxon:

Erzwungene Redundanz

Ausgerechnet im Kern der CAD/CAM-Technologie erzwingen die herkömmlichen Systeme geradezu die Datenredundanz mit all den negativen Begleiterscheinungen, die ja eigentlich durch den Einsatz dieser Technik, wenn nicht beseitigt, so doch wenigstens deutlich reduziert werden sollten.

Daß in einer solchen Situation auch alle gutgemeinten ‚CIM'-Konzepte letztlich zum Scheitern verurteilt waren, liegt auf der Hand. Und es sind auch nur vereinzelte, durchweg aus naheliegenden Gründen interessierte Diskussionsteilnehmer, die das entsprechende Schlagwort mit positiver Deutung in den Mund nehmen.

CAM mit CAD

Einzelne Lösungen – wie die im folgenden Beispiel beschriebene von ICEM PART – geben Anlaß zu neuen Hoffnungen. Zu der Hoffnung nämlich, daß auf der Basis moderner 3D-Modellierer nun doch die Mittel gefunden werden, um CAD und CAM produktiv miteinander zu verbinden.

PART für PART

An der Universität von Twente, im holländischen Enschede, entstand in den vergangenen Jahren als Ergebnis langjähriger Forschungsarbeiten eine Software, die jetzt als Modul des CAD/CAM-Systems ICEM auf dem Markt ist.

Verplante
Ressourcen

CAD-Daten lesen

Spätere Übernahme
möglich

Der Modulname ICEM PART steht für *Planning of Activities, Ressources and Technologies*. Die geometrische Basis ist der Modellierer ACIS*.

Das Ziel des neuen Produktes, das Anfang 1993 freigegeben wurde, ist die automatisierte – auf Wunsch sogar vollautomatische – NC-Bearbeitung prismatischer Teile.

Als Eingabe wird die Geometrie eines 3D-Volumenmodells benötigt. Kommt es nicht im ACIS-Format, wird es automatisch in eine ACIS-Darstellung umgewandelt. Direkt verstanden werden zur Zeit die Formate von Pro/Engineer, CATIA und STEP, der neuen Standard-Datenschnittstelle.

Der Ansatz ist folgender: Die eingelesenen Modelle werden – ebenfalls automatisch – in Fertigungsfeatures, wie Stufenbohrung, Frästasche oder Bohrmuster zerlegt und mit Toleranzen versehen. Die so entstehenden Formelemente gestatten eine anschließende Zuordnung zu Aufspannungen, Spannmitteln, Maschinentyp und Maschine bis hin zum fertigen NC-Datensatz.

ICEM PART sieht zwar vor, künftig auch Toleranzen und Technologie-Informationen direkt zu übernehmen. Dann nämlich, wenn die eingelesenen Modelle bereits aus Formelementen mit entsprechenden Objekteigenschaften zusammengesetzt wurden.

Vorläufig ist das noch nicht oder nur sehr selten der Fall. Im übrigen haben die niederländischen Entwickler Zweifel daran, daß sich dies praktisch verwirklichen läßt.

Ihrer Ansicht nach sind die Sichtweisen in Konstruktion und Fertigung eben doch so unterschiedlich, daß auch die jeweils definierten Formelemente anders aussehen.

---

* Kleine Randbemerkung zum Thema ‚Offene Systeme': Die Tatsache, daß ICEM selbst nicht auf ACIS basiert, sondern künftig auf einer gemeinsamen Entwicklung von Intergraph und Control Data aufbauen soll, hatte keinen Einfluß auf die Zusammenarbeit mit C3, dem niederländischen Entwicklungsunternehmen von PART.
Offenbar werden die Softwaresysteme insgesamt immer offener und leichter portierbar, so daß Entscheidungen für eine bestimmte Systembasis längst nicht mehr so endgültigen Charakter tragen wie dies bei früheren Systemen der Fall war.

Ein Beispiel: Der Konstrukteur braucht für bestimmte Bauteile immer wieder Rippen. Er definiert sich also ein 3D-Formfeature ‚Rippe', das er nun bei Bedarf ‚einbaut'.

Für die Arbeitsvorbereitung und den Mann an der Maschine ist die Rippe selbst gar nicht so interessant. Hier ist viel wichtiger, welches Material beispielsweise zwischen zwei Rippen entfernt werden muß, damit schließlich die Rippen stehenbleiben.

Wem die Rippe fehlt

Die Software ist aber so konzipiert, daß auch eine Mischung möglich ist. Das Programm ordnet eingelesene Fertigungsfeatures zunächst bekannten Features zu, bevor der Rest automatisch weiter zerlegt wird.

Zerlegt

Mit PART können nahezu beliebig komplexe, prismatische Bauteile in Fertigungsobjekte zerlegt werden. Wie weit der Automatismus gehen kann, haben Praxistests bereits im Jahr 1992 gezeigt.

Für ein recht schwieriges Referenzteil, auf dessen Grundlage die Arbeitsgruppe 23 des CEFE-Forschungskreises (dem unter anderem VW angehört) Benchmarktests mit diversen fertigungsnahen Systemen durchführen, benötigte die Software etwa eine halbe Stunde.

Keine schlechte Referenz

Dann waren alle Aufspannungen festgelegt, Werkzeuge und Spannmittel gewählt, die Maschinen bestimmt und die NC-Programme erstellt.

Die Wissensbasis von PART umfaßt heute bereits bei der Auslieferung rund 70 verschiedene Fertigungsfeatures. Ihre Zahl wird sich noch erhöhen.

Daneben bietet das Programm dem anwendenden Betrieb aber die Möglichkeit, unter Verwendung eines grafischen Editors relativ komfortabel eigene Definitionen hinzuzufügen.

Die Grenzen für einen vollautomatischen Ablauf liegen nun nicht mehr in der Technik.

Verschobene Grenzen

Sie hängen einerseits vom Entwicklerfleiß ab, denn nur wenn alle denkbaren Ferigungsprobleme in den Formfeatures, Spannmitteln, Werkzeugen und Maschinendaten abgebildet sind, kann das System Zuordnungen treffen.

Andererseits ist der Schritt zu einer vollständigen Automatisierung für viele Unternehmen noch zu groß. Und schließlich wäre es wieder eine Einengung, wenn die Technik das Diktat bekäme, und Eingriffe der Menschen, denen sie ja dienen soll, ausgeschlossen würden.

ICEM PART ist vor allem ein Beweis, daß es auf der Basis neuer Volumenmodelle möglich ist, ohne Redundanz der Geometriedaten zum NC-Programm zu gelangen. Und allein in diesem Schritt liegt ein beachtliches Einsparungspotential und eine Möglichkeit, die Produktqualität schlagartig zu erhöhen.

4.3 Berechnung

Für FEM-Berechnung, Kunststoff-Rheologie-Untersuchungen, Erstarrungssimulation, Kinematik und andere Methoden der Vorausberechnung von Bauteilen und Werkzeugen zu ihrer Herstellung wird als wichtigste Eingabe die Geometrie des Teils oder bestimmte Teilgeometrien benötigt.

Geometrie-Aufsatz

Das geschah anfangs – wie bei der NC-Programmierung – völlig unabhängig von der Konstruktion. Später wurden verfügbare CAD-Daten genutzt. Sei es über selbstentwickelte oder vom Hersteller gelieferte Schnittstellen, sei es durch Preprocessoren, die auf vorhandener Geometrie aufsetzen konnten.

Prototypen sparen

Der Einsatz von Berechnungsmethoden spielt eine große Rolle bei der Senkung der Produktentwicklungs- und -fertigungszeiten. Hier können Prototypenläufe gespart werden. Berechnung und Simulation ersetzen zumindest teilweise die physikalische Erprobung von neuen oder geänderten Produkten.

Dennoch ist die heutige Praxis noch weit von der Ausschöpfung aller durch die C-Technologien gebotenen Möglichkeiten entfernt.

Hier folgt ein Beispiel aus der Entwicklungspraxis eines nicht genannten Automobilzulieferers, über dessen

Anwendung ich im vergangenen Jahr einen Bericht geschrieben habe:

Ein Teil wird entworfen, die detaillierte 2D-Fertigzeichnung dazu erstellt. Diese Zeichnung stellt fast niemals das letztlich (in Serie) gefertigte Teil dar. Jetzt kommt die Berechnung zum Zug. Auf der Grundlage der 2D-CAD-Daten wird im Preprocessor eines anderen Systems ein Achtel des Teils neu eingegeben. Mehr wird aus Symmetriegründen nicht benötigt. Das so entstehende Modell wird verschiedenen Belastungen, vor allem Hitze und Druck-/Zug-Kräften unterworfen.

Im Ergebnis zeigt sich eine von Dauerbruch gefährdete Stelle. Verschiedene Möglichkeiten zur Verbesserung der Geometrie werden erwogen. Das Teilmodell wird so oft neu berechnet, bis eine ausreichende Stabilität vermutet werden kann. Die Ergebnisse aus Berechnung und Verbesserungsversuchen kommen zurück in die Konstruktion. Die 2D-Zeichnung wird entsprechend modifiziert. Und erst jetzt kann das Teil seinen weiteren Weg über Versuch und Fertigung antreten.

Stellt sich im Versuch heraus, daß die Berechnungen noch nicht genau genug waren, müssen dieselben Schleifen erneut durchlaufen werden.

An diesem Beispiel werden mehrere Probleme bisheriger Projektabläufe deutlich:

1. Die 2D-Zeichnung zwingt zur erneuten Dateneingabe. Dabei entsteht mit den redundanten Daten auch die Gefahr von Eingabefehlern.
2. Die automatische Netzgenerierung – im verwendeten System verfügbar – kommt nur selten zum Einsatz. Denn hierfür muß zusätzlich zur bereits vorliegenden Konstruktion und getrennt davon ein 3D-Volumenmmodell erzeugt werden.
3. Die Berechnung kann erst auf die komplett detaillierte Zeichnung aufsetzen. Und für die Dauer der Berechnungsstudien wird der Prozeß der übrigen Entwicklung und Fertigung unterbrochen. Die verwendete Methode gestattet kein *Concurrent Engineering*.

Der Weg durch die Instanzen der Produktentwicklung

Serielles Engineering

4. Das Vorgehen zwingt zur mehrmaligen Geometrie-
definition desselben Teils. Unter Umständen können
vorhandene Daten gar nicht weiter verwendet werden.
Sowohl in der Konstruktion, als auch im FE-Modell. Der
Datenberg im Unternehmen wird – wenn keine Gegen-
maßnahmen getroffen werden – drastisch vergrößert.
5. Es gibt keine echte Übereinstimmung zwischen den FE-
und den CAD-Daten.

Echte Optmierung

Mit den neuen 3D-Systemen können die hier genannten
Punkte abgehakt werden: zumindest theoretisch – und nach
Aussagen von SDRC und PTC mit den jeweiligen Systemen
noch in diesem Jahr.

Der Zusammenhang mit dem Netz

Was sowohl Pro/ENGINEER als auch I-DEAS Master
Series in jedem Fall schon beherrschen, ist die automatische
Netzgenerierung auf Basis des Volumenmodells und die
assoziative Verwaltung dieser Netzstruktur, also ihre automatische Anpassung bei Konstruktionsänderungen.

Damit ist die 3D-Geometrie auch für die Berechnung
ausreichend. Eine Datenredundanz ist überflüssig und die
Übereinstimmung zwischen CAD-Modell und FE-Netz gewährleistet.

Was ich bislang noch nicht in einer praktischen Vor-
führung gesehen habe, ist die echte Optimierung des CAD-
Modells über FEM-Berechnung. Eine Verbesserung des FEM-
Modells müßte dabei automatisch die entsprechenden
Parameter des ‚Mutter'-Modells beeinflussen können, statt
aufgrund von Ergebnissen das Modell separat zu ändern.

Parallele Prozesse

Aber auch ohne diesen letzten Schritt kann mit den
neuen Systemen die Berechnung sehr harmonisch in die
gesamte Produktentwicklung eingebunden werden. Vor allen
Dingen können jetzt Berechnung und Simulation zu einem
viel früheren Zeitpunkt in Angriff genommen werden.

Sobald das 3D-Modell im wesentlichen definiert ist, kann
eine erste Berechnung laufen. FEM-Berechnung und Zeichnungserstellung, aber auch NC-Programmierung, können
parallel stattfinden.

Denkbar ist dann beispielsweise auch, daß der Konstrukteur selbst in sehr frühem Stadium eine Überschlagsrechnung
durchführt und die Ergebnisse direkt in eine Optimierung *Überschlag*
seines Konstruktes ummünzt.

Das macht die Berechnungsabteilung nicht überflüssig.
Vielmehr werden solche Möglichkeiten den Einsatz der
Berechnungsmethoden verbreitern. Jetzt kann auch in ein-
facheren Fällen darauf zurückgegriffen werden, in denen sich
mit den herkömmlichen Praktiken die Berechnung gar nicht
lohnte.

Mit der wachsenden Bedeutung der 3D-Konstruktion
wird also sehr wahrscheinlich auch eine deutliche Aufwertung der computergestützten Berechnungs- und Simulations-
verfahren einhergehen.

4.4 Advisor-Technologie

Eine ganz neue Technologie, bis vor kurzem nur Gegenstand
von Wunschträumen, schickt sich derzeit an, verschiedene
CAD/CAM-Systeme äußerst sinnvoll zu ergänzen.

Sie wird unter dem Stichwort Advisor-Technologie
gehandelt. Auch sie beruht auf den Prinzipien der objektorientierten Programmierung. Auch hierbei wird im wesentlichen mit 3D-Formelementen gearbeitet.

Der Ansatz ist folgender: Konstruktions-, entwicklungs- *Wissensbasis*
und fertigungsrelevante Informationen werden als Wissensbasis installiert. Der Anwender muß sie aber nicht abrufen,
sondern sie stehen ihm automatisch überall zur Verfügung,
wo er sie benötigt. Gleichzeitig prüft das Programm Schritt
für Schritt, ob die Konstruktion den vorhandenen Fertigungs-
bedingungen entspricht oder ob gegen gewisse Normen,
Übereinkünfte, aber auch Erfahrungswerte verstoßen wird.
Darüber hinaus kann es Alternativvorschläge bei Regelverletzungen oder Unsicherheiten auf seiten des Konstrukteurs beinhalten.

Im Grunde steht dem Konstrukteur das gesammelte Wissen aus Katalogen, Normblättern und Tabellen tatsächlich
und online zur Verfügung, das er ansonsten eigentlich nur

theoretisch nutzt. Denn in den meisten Fällen ist die Suche nach der benötigten Information zu schwierig und der Zeitaufwand zu groß.

Die Wissensbasis solcher Ratgeber muß branchen- und/oder betriebsspezifisch mit dem entsprechenden Know How gefüllt werden. Dabei handelt es sich allerdings um grundsätzlich andere Produkte als die bisher verfügbaren ‚Branchenpakete'. Letztere waren ja meist nicht viel mehr als ein Konglomerat bestimmter Systembausteine, die für bestimmte Branchen besonders attraktiv sein sollten. Meist steckten eher Vertriebskonzepte als wirklich zusätzliche technologische Informationen dahinter. Die wenigen echten Branchenlösungen, beispielsweise im Auftrag von Verbänden oder Branchenzusammenschlüssen als Zusätze zu Standardpaketen entwickelt, boten bestenfalls technologische Unterstützung beim Beschreiten der üblichen Einbahnstraße: Konstruktion, Detaillierung, Berechnung, Fertigung.

Auch ein – vielleicht weniger in die Tiefe gehender – Ratgeber für den allgemeinen Maschinenbau wäre durchaus denkbar. Denn eigentlich ist ja das Technologiewissen, das dabei benötigt wird, im wesentlichen ähnlich beispielsweise dem, das in der schon besprochenen Lösung ICEM PART enthalten ist. Nur daß es dort erst nach der Konstruktion zum Einsatz kommt. Während es hier vor und parallel zur Produktentwicklung genutzt werden soll.

Blechratgeber

Ein bereits freigegebenes und sogar seit über einem Jahr produktiv eingesetztes Beispiel ist der HP PE/SheetAdvisor.

Entwickelt in der werkseigenen Blechfertigung von Hewlett Packard, gefüllt mit dem Know How der deutschen und amerikanischen Blechspezialisten, und seit über einem Jahr auf weit über tausend Arbeitsplätzen bei HP im Einsatz – und zwar ausschließlich. Es gibt keine Konstruktion mehr, die nicht mit Hilfe des neuen Ratgebers erstellt wird.

Er ist objektorientiert in C programmiert. Die Basis ist gegenwärtig das ‚alte' 3D-System HP ME30. Der Advisor wird aber auch auf dem ACIS-basierten SolidDesigner laufen.

Der Ansporn zur Entwicklung der Software kam aus internen Untersuchungsergebnissen. Jeder dritte Prototyp hatte demnach Mängel gezeigt, die gar nicht aufgetreten wären, hätte der Konstrukteur frühzeitig und umfassend bestimmte Kenntnisse über Fertigungsvorschriften und -regeln zur Verfügung gehabt und berücksichtigt. Solche unnötigen Schleifen sollte das System vermeiden helfen.

Blechteile statt Solids

Das Programm bildet eine regelrechte Schale um das CAD-System. Der Anwender kommt mit den eigentlichen Konstruktionsbefehlen gar nicht mehr in Berührung. Ihre Anwahl und Ausführung wird ihm vom ‚Ratgeber' abgenommen.

Vor den ersten geometrischen Definitionen verlangt das System die Festlegung der Fertigungsstätte. Danach ‚weiß' der SheetAdvisor, welche Materialien für Neukonstruktionen eingesetzt werden sollen und bietet sie grafisch interaktiv, wie alles in der Benutzeroberfläche, zur Auswahl an.

Stätte

Farblich unterschieden können auch nicht bevorzugte Materialien ausgesucht oder bisher noch gar nicht im Programm befindliche verlangt werden. Genauso verhält sich die Applikation bei der Auswahl der Werkzeuge, die jeweils für bestimmte Schritte erforderlich werden. Die Biegeradien werden ebenfalls in Menüs zum Anklicken bereitgestellt.

*Material
und Werkzeug*

So kann ‚konstruiert' werden. In Anführungszeichen. Denn in der Tat gibt es keinen Schritt, bei dem der Anwender nicht massiv unterstützt wird.

Ein Beispiel: Der Konstrukteur möchte eine Prägung positionieren. Das Programm ‚weiß' aufgrund der Geometrie des einzusetzenden Stempels und der Matritze, welcher Mindestabstand beispielsweise zwischen der gewünschten Prägung und einer vorhandenen Biegung einzuhalten ist. Also wird dieser Abstand grafisch an der Prägung gezeigt, noch bevor sie plaziert ist.

*Grafische
Ratschläge*

Der Advisor achtet darauf, daß ein Loch nicht zu nahe an den Rand gerät, um ein Ausreißen des Bleches zu vermeiden; daß zwei Prägungen nicht zu dicht nebeneinander sitzen, um Beschädigungen durch den Niederhalter auszuschließen; daß ein rechteckiger Durchbruch mit den vorhandenen Werkzeugen gefertigt werden kann; daß alle Prägungen und Durchbrüche, die ja am Fertigteil plaziert werden, auch in der Abwicklung von ihrer Richtung her optimal liegen.

Regelverletzung

Bei jeder Regelverletzung begnügt sich die Software nicht mit einer deutlichen Warnung, sondern bietet umgehend Abhilfe in Form von Alternativen an.

Abschalten

Überall, wo der SheetAdvisor Ratschläge gibt und Regeln beziehungsweise deren Verletzung anzeigt, läßt er dennoch dem Anwender die freie Wahl der letzten Entscheidung. Regelverletzungen sollen nicht generell unterbunden werden, denn normalerweise kommen Erfindungen gerade dann zustande, wenn ein Konstrukteur sich nicht an übliche Schemata hält. Wenn er sich durch die Hinweise eher gestört fühlt und beispielsweise ganz bewußt eine Reihe von gleichartigen Regelverletzungen durchführen will, kann er die Mahnungen auch ganz unterdrücken.

Alle Regelverletzungen und das Ausschalten der Warnungen werden aber mitprotokolliert, so daß am Ende einer Produktentwicklung der gesamte Ablauf der Erstellung des Blechteils nachvollzogen werden kann.

Hat eine Regelverletzung zur Folge, daß beispielsweise ein Werkzeug neu angefertigt, Material oder Teile eingekauft werden müssen, dann stehen der Administration die entsprechenden Informationen aus dem Programm heraus bereits während der Konstruktion zur Verfügung.

Im Fall des SheetAdvisors sind an die Blech-Features nicht nur alle Daten gekoppelt, die Arbeitsvorbereitung und Fertigung betreffen. Auch die Kalkulation ist Bestandteil des Programms. Schließlich werden die Kosten eines Produktes zu weit über 80 Prozent in der Konstruktion festgelegt.

Also war es naheliegend, den Ratgeber so ‚schlau' zu machen, daß er aufgrund der Blechdaten auch Auskunft über die zu erwartenden Kosten, selbst abhängig von der Losgröße, erteilen kann.

Berechnend

Wie für diesen letzten Gesichtspunkt gilt für die gesamte Applikation: Ihre volle Wirksamkeit können derartige Produkte nur entfalten, wenn sie mit den betriebsspezifischen Daten des anwendenden Betriebes gefüttert werden. Die gelieferte Wissensbasis ist nur der Grundstock, das Gerippe. Das Fleisch muß der Anwender hinzufügen. Wobei diese Tätigkeit ja keine verlorene Zeit bedeutet, denn dazu muß eine Bestandsaufnahme gemacht werden, die in der Regel schon allein sehr viel wert ist.

Wertvolle
Bestandsaufnahme

Laut HP dürfte die betriebliche Anpassung lediglich wenige Wochen in Anspruch nehmen.

4.5 Engineering Data Management

Das letzte Thema im Zusammenhang mit den Konsequenzen der neuen Systemgeneration ist eher am Rand des eigentlichen CAD/CAM-Bereiches anzusiedeln.

Die Technologie des Engineering Data Managements (EDM) ist wie die neue 3D-CAD-Generation Ergebnis des Bedarfs der Industrie und der Fortentwicklung der technischen EDV insgesamt.

Concurrent Engineering erfordert andere CAD-Systeme, und es erfordert eben auch eine neue Art des Zugriffs auf 3D-Modelle und der Verwaltung und Verteilung der Konstruktionsdaten.

Wo gehobelt wird, fallen Späne. Und wo mit EDV-Mitteln gearbeitet wird, fallen Daten an – und zwar nicht zu knapp.

Datenfluten

Nun ist zwar der Preisverfall bei der Hardware immerhin so weit fortgeschritten, daß Gigabytes auf Festplatten nicht mehr Millionen kosten, und folglich wird auch nicht mehr so mit den Kapazitäten gegeizt wie ehedem. Nur verhalten sich erstens hier die Daten wie Gase: Sie füllen stets den verfügbaren Raum aus. Und deshalb werden auch die großen Platten schnell voll.

Zweitens aber ist das ‚Wohin' mit den Daten gar nicht so entscheidend wie das ‚Woher'. Zentrale Datenbanken, so relational sie auch sein mögen, und im CAD-Bereich integrierte Zeichnungsverwaltungen reichen nicht aus.

Zeigen, wer was mit dem Teil macht

Wenn das 3D-Modell eines Bauteils wirklich allen Beteiligten im Betrieb zur Verfügung stehen soll, dann müssen Mittel und Wege gefunden werden, Zeichnungen anzusehen, Details zu betrachten, zugehörige Dateien zu editieren – und dies alles, ohne zu wissen, wie das CAD-System überhaupt zu bedienen ist. Dasselbe gilt für alle technischen Anwendungsbereiche.

Auf der Seite der kommerziellen Datenverarbeitung – die ja auch schon einige Jahre länger im Einsatz ist – hat sich mit den Produktionsplanungs- und Steuerungssystemen (PPS) eine recht weitgehende Integration erreichen lassen.

Alles integrieren

Mit EDM wird nun ein ähnlicher Ansatz für die technische Seite des berühmten ‚Y' von Professor Scheer verfolgt. Um letztlich, zu einem noch etwas entfernteren Zeitpunkt in der Zunkunft, auch diese beiden Seiten noch zusammenführen zu können.

Für dieses Thema machen sich eine Reihe von Soft- und Hardwareherstellern seit einigen Jahren stark. Gleichwohl stehen alle mehr oder weniger am Anfang.

In Deutschland haben sie sich unter der Schirmherrschaft des Beratungshauses Ploenzke zu einem Konsortium zusammengetan, das zumindest punktuell gemeinsam an der Lösung arbeitet: nämlich im Punkte der Überzeugung der Industrie von der Notwendigkeit einer solchen Technologie.

Noch eine Schale

Hohe Ansprüche

Auch EDM-Systeme basieren (sinnvollerweise) auf objektorientierter Programmierung und auch auf objektorientierten Datenbanken, die mit den zu verwaltenden Objekten auch etwas anfangen können. Auch EDM-Systeme legen sich wie eine Schale um die eigentliche Anwendung. Besser: um alle vorhandenen beziehungsweise integrierten Applikationen. Gleichgültig sollte ihnen sein, von welchem Hersteller welche Software stammt, und auf welcher Hardware- oder Betriebssystemplattform sie läuft.

Engineering Data Management beinhaltet bei manchen Produkten als erstes Glied sogar das eigentliche Systemmanagement, das bislang auf den verschiedenen Plattformen angesiedelt ist, einschließlich der Verwaltung von Zugriffsrechten, Paßworten, Verzeichniszuordnung und anderem.

Um den einheitlichen und leichten Zugriff aller Bereiche auf die einzelnen integrierten Applikationen zu ermöglichen, müssen diese Daten auch über das System abgelegt und geordnet worden sein und aktuell gehalten werden.

Über vierzig Systeme werden derzeit auf dem deutschen Markt angeboten. Die meisten haben als Ursprung eine Zeichnungsverwaltung, ergänzt um Sachmerkmalleisten, Stücklisten- und andere konstruktions- und fertigungsrelevante Informationen.

Aber auch aus dem Bereich der Dokumentenverwaltung kommen Lösungsvorschläge. Die Anbieter sind teils identisch mit den traditionellen CAD/CAM-Lieferanten, teils sind es die großen Hard- und Softwarehäuser, teils aber auch unabhängige Softwarehersteller. Neben der erweiterten Zeichnungsverwaltung beherrschen die meisten EDM-Programme Freigabe- und Zugriffsregelungen, und auch das Management von NC-Daten ist vielfach im Leistungsumfang enthalten.

Dagegen stehen fast alle Systeme bezüglich eines regelrechten Prozeß- und Projektmanagements noch am Anfang der Entwicklung. Und auch in Bezug auf weitergehende Funktionalitäten wie Produktstrukturierung ist noch wenig zu sehen.

Das Interesse der Industrie an dieser neuen Technologie ist ausgesprochen groß. Das zeigen nicht zuletzt die sehr erfolgreichen EDM-Kongresse der letzten zwei Jahre.

Es rührt zum einen von der großen Unzufriedenheit mit der immer weniger zu beherrschenden Datenflut der technischen Systeme. Zum anderen aus gesamtwirtschaftlichen Bedingungen. Eine Produkthaftung, die über einen Zeitraum von 25 Jahren eine lückenlose Produkt-Dokumentation verlangt, ist ohne solche Systeme nicht denkbar.

Und auch eine projektmäßige Arbeitsweise, eine grundlegende Restrukturierung der industriellen Entwicklungs- und Produktionsabläufe verlangt nach modernem Instrumentarium.

Farbtafeln

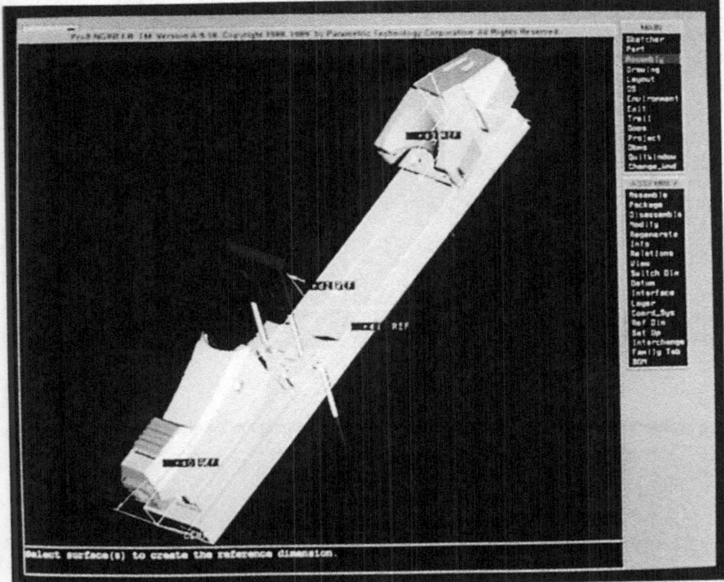

Abb. 5:

Fotorealistische Darstellung einer mit Pro/ENGINEER konstruierten Ski-Bindung. Die 3D-Modellierung wird in den kommenden Jahren den Bau manchen Prototyps überflüssig machen. Für viele Zwecke reicht der Prototyp auf dem Bildschirm völlig aus.

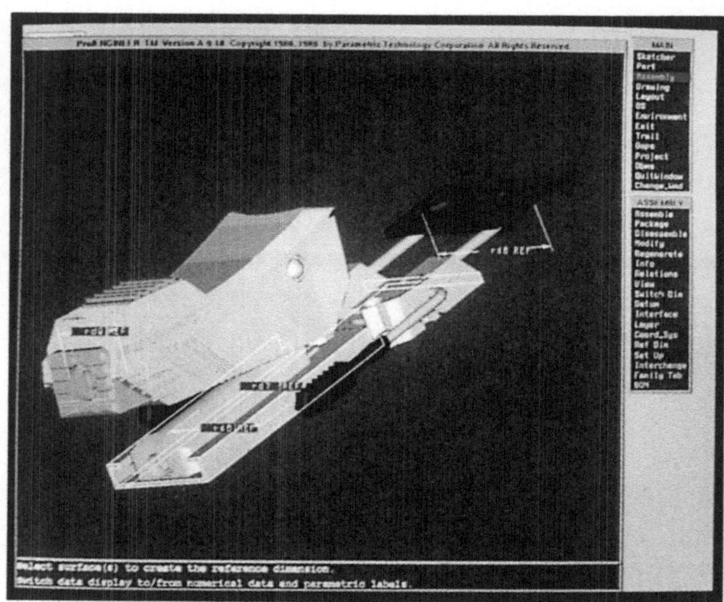

Abb. 6:
Die Bauteile sind
parametrisch
miteinander verbunden.
So können auch die
verschiedenen
Bewegungszustände
des Fertigteils simuliert
werden.

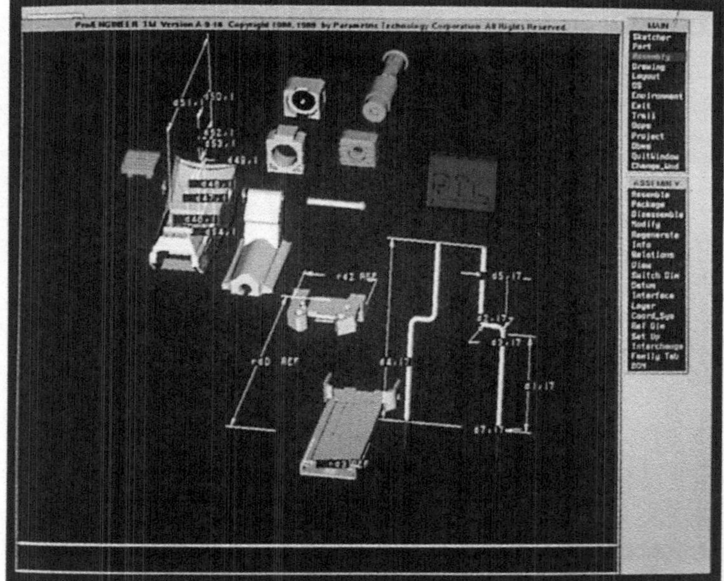

Abb. 7:
Automatisch läßt sich
das schattierte Modell
der Baugruppe in einer
Explosionsdarstellung
in die einzelnen
Bauteile zerlegen.

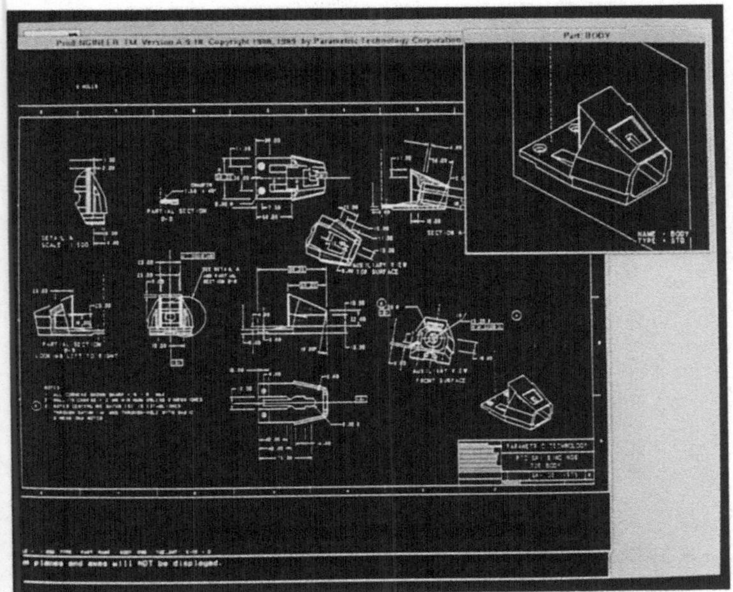

Abb. 8:
Die Ausgabe diverser Ansichten und Schnitte des Modells in Form einer bemaßten, technischen Zeichnung wird bei Pro/ENGINEER mit viel Automatismus unterstützt.

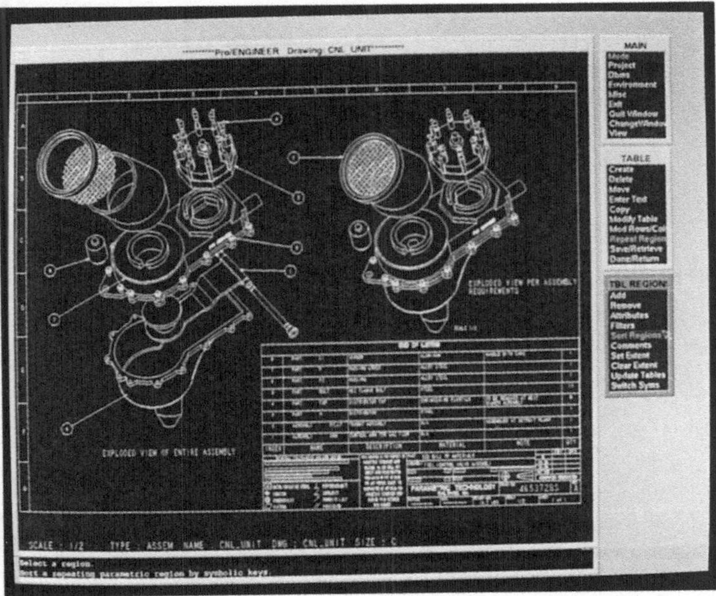

Abb. 9:
Ausgabe der Baugruppendarstellung eines Zündverteilers mit Stückliste. Auch dies wird ohne aufwendige Prozeduren weitgehend automatisiert aus dem Volumenmodell abgeleitet.

Abb. 10a und 10b:

*Bildschirmdarstellung
einer mit
Pro/ENGINEER
konstruierten
Radaufhängung
mit Gelenk-
verbindungung (a)
und das automatisch
aus dem Modell
abgeleitete FEM-Netz
der Gelenkverbindung*

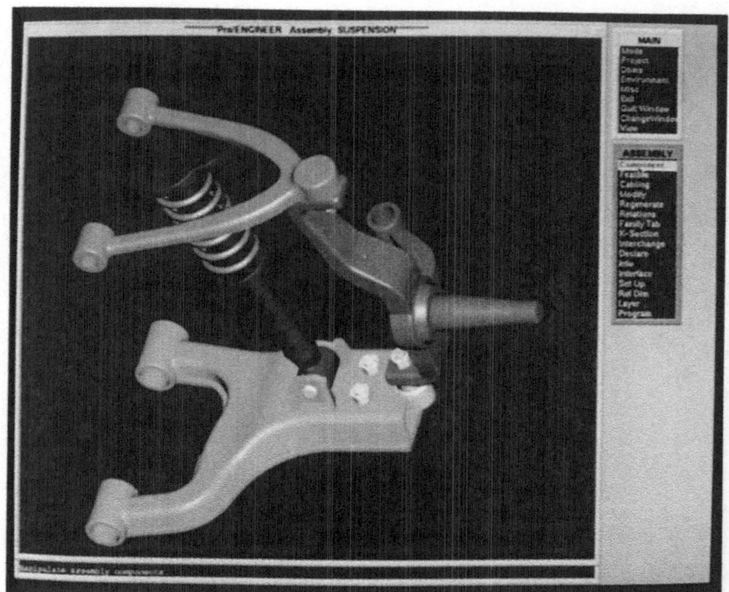

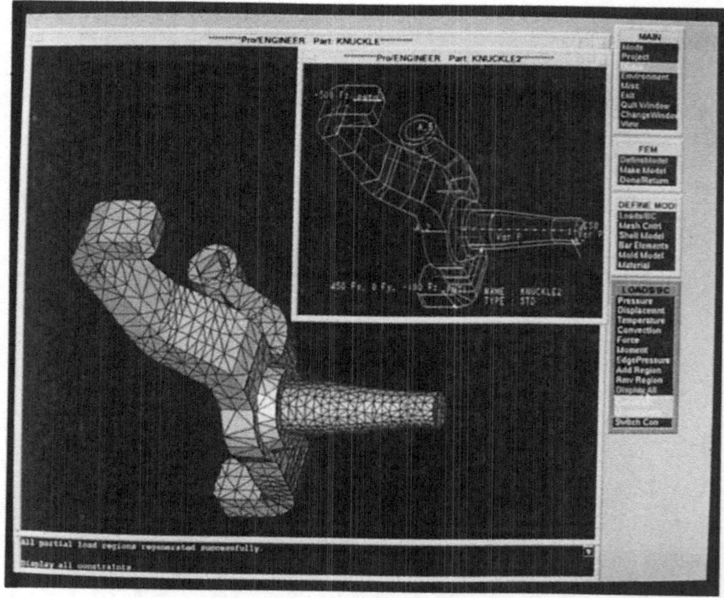

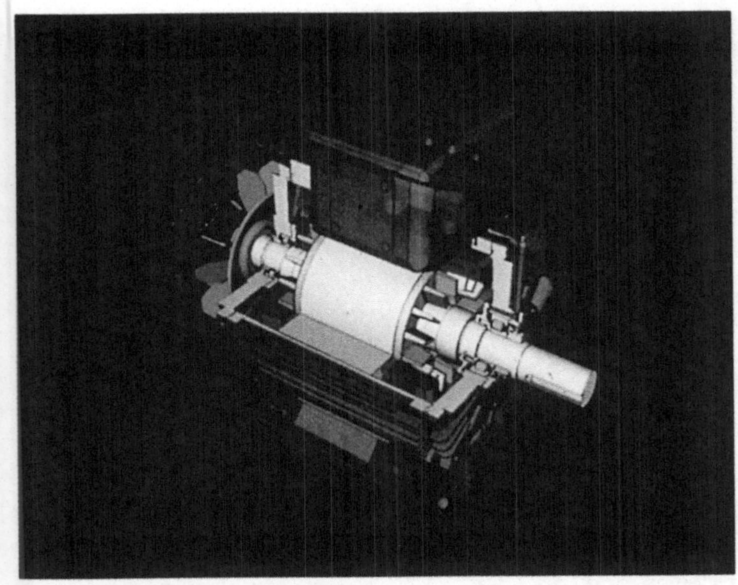

Abb. 11:

Die I-DEAS Master Series erlaubt nicht nur die Konstruktion komplexer Baugruppen. Ein integriertes Verwaltungswerkzeug und der sogenannte Team-Data-Manager unterstützen paralleles Arbeiten und die Produktentwicklung in Projektteams.

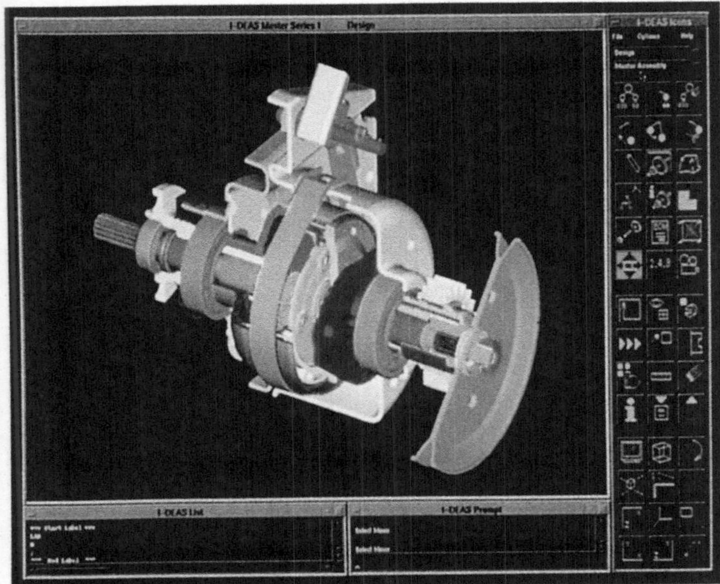

Abb. 12:

Variational Design *nennt SDRC die Konstruktionsmethodik, die vom Konstrukteur nicht verlangt,über alle Bauteilbeziehungen von vornherein exakte Vorstellungen zu haben. Mit der Master Series wird keine vollständige Parametrisierung erzwungen.*

Abb. 13:
Der Dynamic Navigator
in 3D. Bei I-DEAS
werden dem
Konstrukteur schon
während der Bewegung
der Maus die
entscheidenden
Informationen geboten.
Hier hängen die Kanten
eines rechteckigen
Durchbruchs am
Cursor. Der sichtbare
Zustand wäre das
Ergebnis beim Aus-
lösen der Maustaste.

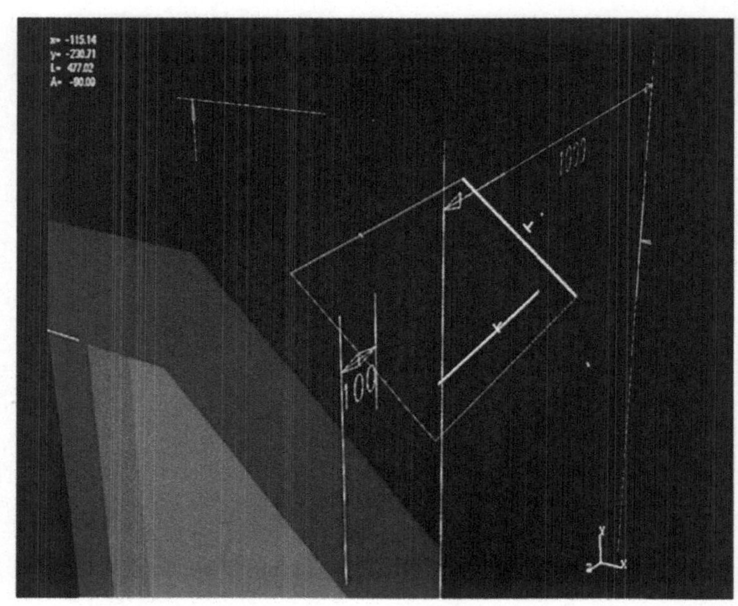

Abb. 14:
Eine mit I-DEAS
erzeugte Zeichnung
kann sich assoziativ
zum Modell verhalten
und aus diesem
abgeleitet sein. Sie
kann aber auch
vollständig in 2D
erzeugt werden.

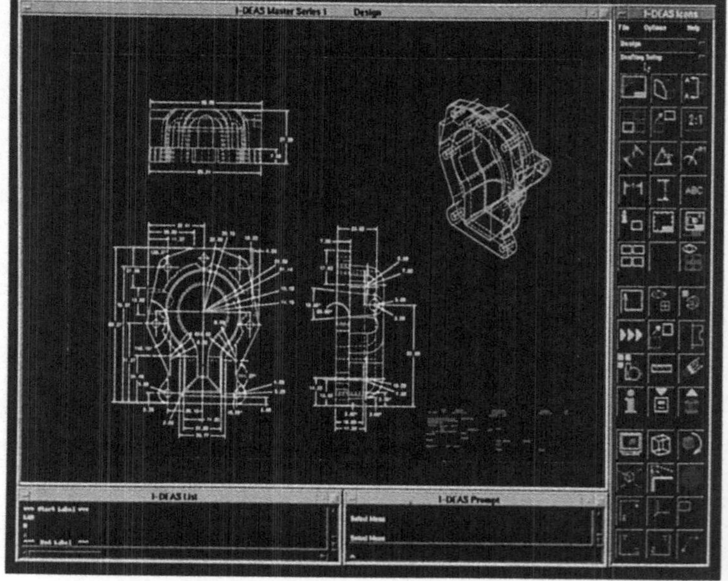

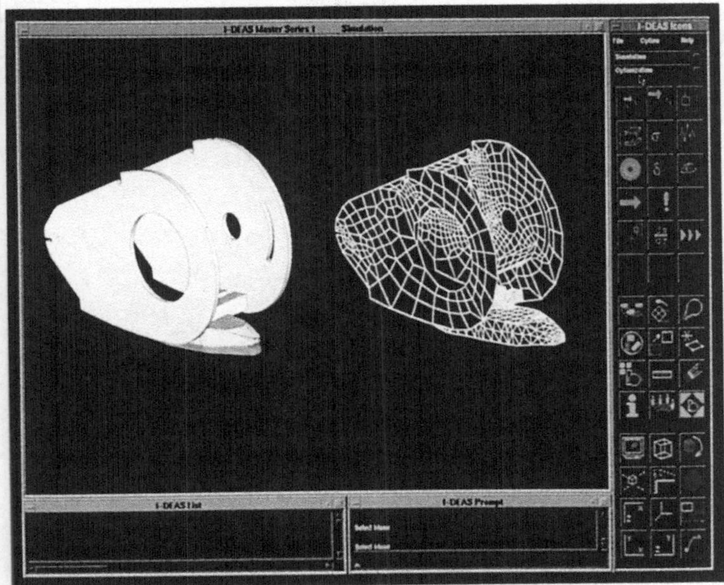

Abb. 15:
Das – automatisch oder manuell erzeugte – FEM-Netz beruht auf den Geometriedaten des Master-Modells. Berechnungsergebnisse können unmittelbar zu einer Optimierung des Modells führen.

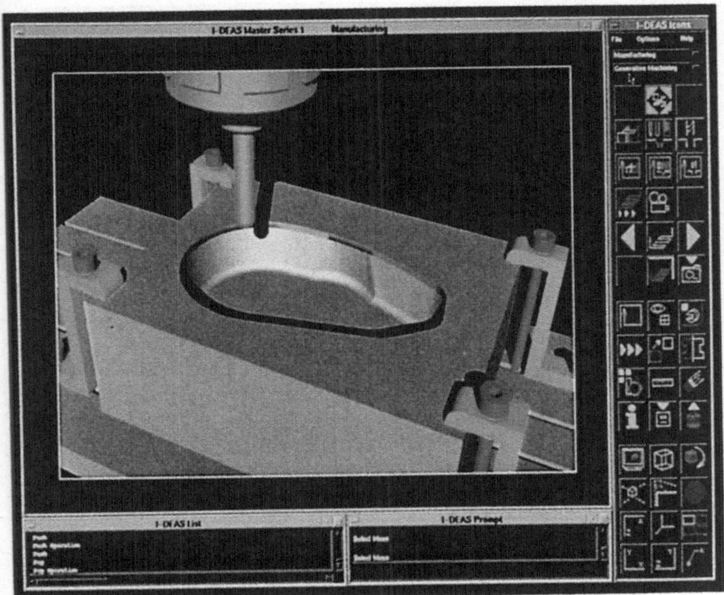

Abb. 16:
Auch die NC-Programme sind assoziativ an das Master-Modell gekoppelt. Die Kollisionskontrolle berücksichtigt Bauteil, Werkzeug und Werkzeugkopf, Spannmittel und Maschine.

Abb. 17:
Der ACIS-basierte
Volumenmodellierer
von KONSYS 2000
(strässle), gestattet
auch paralleles
Arbeiten mehrerer
Ingenieure am selben
Produkt. Hier der
Antrieb einer im Esprit-
Projekt CACID
entwickelten
Walzrundmaschine.

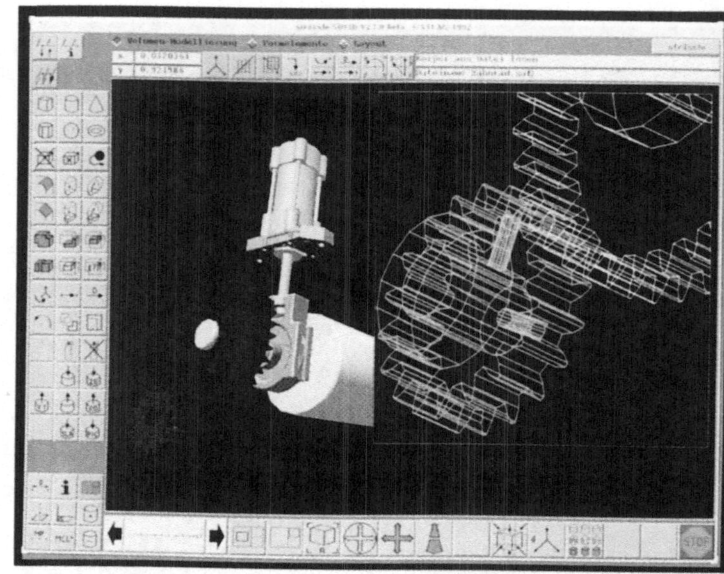

Abb. 18:
Fotorealistische
Darstellung eines mit
KONSYS 2000
konstruierten Bauteils.

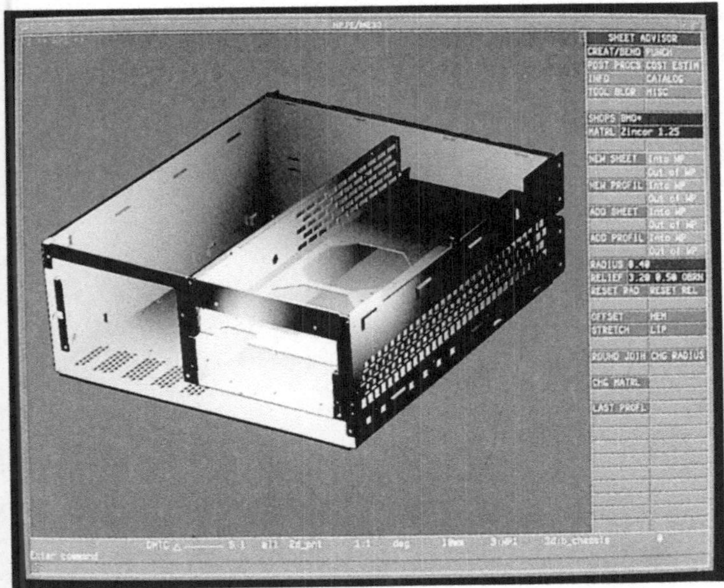

Abb. 19:

Mit dem HP PE/SheetAdvisor konstruiertes Blechgehäuse. Die Möglichkeiten der 3D-Volumenmodellierung werden hier ergänzt um technologisches Know How, das den Anwender in jedem Entwicklungsschritt aktiv – also nicht nur auf Anfrage – unterstützt.

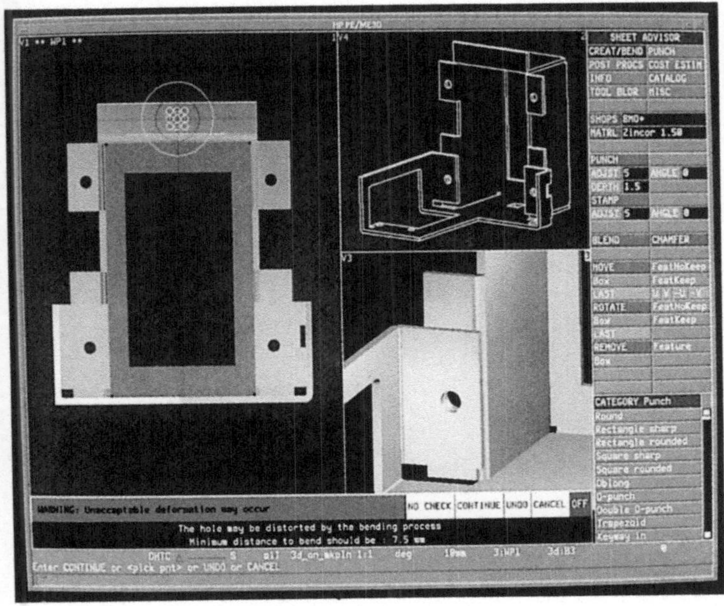

Abb. 20: Die Warnung in gelb sagt: „Deformation möglich". Der Konstrukteur versucht gerade, ein Stanzloch zu nahe am Rand anzubringen. Der blaue Kreis am Blechteil stellt den Sicherheitsabstand dar. Solche grafischen Hinweise sind immer schon vor der Plazierung eines Elementes sichtbar. In den weißen Feldern stehen die Reaktionsalternativen zum Anklicken bereit.

5. Die andere 3D-Welt

So alt wie 2D-CAD und so alt wie die Volumenmodellierung ist auch die Technik der Oberflächenkonstruktion und -bearbeitung.

Manchmal könnte allerdings der Eindruck enstehen, hier werde über völlig verschiedene Welten geredet. Und das ist gar nicht so falsch.

In der letzten Zeit kam es verschiedentlich zu etwas euphorischen Hoffnungen, daß mit der neuen Generation von Volumenmodellierern endlich der Stein der Weisen gefunden sei: die faktische Verschmelzung der unterschiedlichen 3D-Welten.

Doch je mehr die Neuen sich dem Markt stellen und es sich gefallen lassen, daß sie auf Herz und Nieren geprüft werden, desto mehr erweist sich solche Hoffnung als überhöht. Denn mit dem einheitlichen Datenformat allein ist es noch lange nicht getan, damit sind nur Voraussetzungen geschaffen.

Alleskönner

Im Unterschied zu den 2D-Systemen und auch im Unterschied zu *Solid Modeling* kam der Antrieb für die entsprechenden Systeme nicht aus dem Konstruktionsbereich, sondern eher aus der Fertigung.

Mitunter hochkomplexe, in jedem Fall aber nicht analytisch beschreibbare Flächen sollten auf NC-Maschinen 3- oder 5achsig so bearbeitet werden können, daß eine maschinelle oder manuelle Nachbearbeitung möglichst überflüssig würde.

Von CAM zu CAD

Turbinenschaufeln, Formen für Schmiedepressen, Stahlgußwerkzeuge, das war die Art von Teilen, die zuerst – in der Regel als Dienstleistung – programmiert wurden.

Aus den verallgmeinerten Bearbeitungsprogrammen erwuchsen Standard-CAM-Systeme, die vom Anwender selbst für verschiedene Zwecke eingesetzt werden konnten.

Aus den geometrischen Bestandteilen, die die Programmierung grafisch unterstützten und Rechenergebnisse auf dem Bildschirm überprüfbar machten, wurden schließlich Flächenmodellierer.

Erst als die Systeme allgemein immer umfangreicher wurden und fast alle Hersteller ihr Heil in den sogenannten Komplettsystemen suchten, wurde es schwieriger, die Unterschiede ausfindig zu machen: Wer hat ein gutes 2D-System mit ein paar 3D-Solid-Dreingaben? Wer kann am besten Volumen modellieren und bietet daneben auch noch ein Modul *Surfaces* an? Wer hat einen echten Freiformflächen-Modellierer, versucht sich aber auch auf fremdem Terrain?

Markt-Unübersicht

Alleskönner traten in Scharen auf. Keine Marktübersicht, in der nicht Dutzende von Anbietern alle Formen interner Rechnermodelle als verfügbar gemeldet hätten. So etwas ist nicht von Dauer. Die Rückbesinnung fast aller Hersteller auf ihre eigentlichen Stärken, die Konzentration auf die Entwicklung ihrer USP's, ist nur die Antwort auf die Unzufriedenheit der Kunden, die sich in ausbleibenden Umsätzen ausdrückt.

Selbst CAD-Einsteiger wissen heute eins ziemlich sicher: Ein System, das alle denkbaren Aufgaben optimal löst, gibt es nicht.

Wozu Flächensysteme?

Allerdings stellt sich die Frage, was sich in dieser Hinsicht durch die neue Generation von 3D-Volumenmodellierern ändert. Wenn heutige Solid Modeler auch Freiformflächen, Verrundungen und mehrachsige NC-Programmierung beherrschen, braucht man dann die Flächenmodellierer überhaupt noch?

Flächen-Features

Moderne 3D-Systeme können mit Freiformflächen operieren. Sie gestatten – zumindest teilweise – auch variable Verrundungen. Und dennoch sind sie in meinen Augen noch ein gutes Stück entfernt von dem, was ein guter Flächenmodellierer zu bieten hat.

Beim Volumenmodell wird immer häufiger von Formelementen geredet. Für Flächensysteme sind Formelemente seit langem eine Selbstverständlichkeit.

Auszugsschrägen, Augen, Rippen, Profile an Leitkurven – die Liste solcher Elemente ist lang. In Form von Standardgeometrien kann der Anwender durch Eingabe der entsprechenden Parameter damit sehr schnell Elemente erzeugen, die über einfache Grundflächen nur schwer, in jedem Fall aber umständlich und zeitraubend konstruiert werden müßten. Diese Funktionalität ist Zug um Zug entstanden aufgrund der praktischen Anforderungen. Von solchen Anforderungen haben die Entwickler von Solid Modelern teilweise noch nie gehört, da von ihren Systemen vergleichbares auch gar nicht erwartet wurde.

„Auszugsschräge"
nie gehört

Wenn auch mit den neuen Solid Modelern die mathematischen Grundlagen geschaffen werden, Freiformflächen zu erzeugen und zu verwalten, so werden sie sich doch noch für eine ganze Weile deutlich von dem Komfort absetzen, mit dem auf der Seite der Flächensysteme modelliert werden kann.

Noch wichtiger aber als die eigentliche Flächenkonstruktion ist die integrierte, vollautomatische NC-Aufbereitung der Flächendaten und die Fähigkeit, fünfachsige Maschinen unterschiedlichster Art problemlos mit den nötigen Daten zu versorgen.

NC integriert

Hier ist der Vorsprung der Flächensysteme wohl noch größer. Und da es sich kein Betrieb leisten kann, eine Maschine, die mehrere Millionen Mark gekostet hat, herumstehen zu lassen, werden hier die wahren Fräskünstler noch eine Zeitlang kaum zu verdrängen sein.

Werkzeug- und Formenbau, Modellbau, Schmieden, Gießereien, Kunststoffspritzguß – in diesen Bereichen ist die

Bearbeitung von Oberflächen bislang oft wichtiger als die Verfügbarkeit eines Volumenmodells.

Dennoch deutet einiges darauf hin, daß die Auftraggeber zunehmend auf die Einführung solcher Systeme drängen, beispielsweise um den Bau von Vorrichtungen standardisieren zu können. Auch zur Entwicklung und Herstellung von kompletten Werkzeugsätzen reicht ein Flächensystem allein nicht aus.

Durchtrainierte alte Herren

Aber solange die neuen Solid Modeler nicht gleich gut die Späne fliegen lassen, werden zumindest für diesen Zweck weiterhin die alten Herren der 3D-Flächenwelt das Sagen haben.

Flächendeckende Zukunft

Was wird in Zukunft aus der Flächenmodellierung?

Mit den neuen 3D-Systemen sind die Grundlagen geschaffen, um alle Geometrien – also auch komplexe Freiformoberflächen - mit einem einzigen Datenformat zu beschreiben.

Diese Grundlage hat, verstärkt durch das gleichzeitige Aufeinander-Zugehen der Hersteller, immerhin schon zu Ansätzen einer Diskussion geführt, die es in den letzten zwanzig Jahren nicht gab.

Reden und Verstehen

Die 3D-Welten fangen an, miteinander zu reden. Sie verstehen sich noch nicht richtig. Es ist noch eher ein Abtasten. Was dabei letztlich herauskommt, läßt sich noch nicht sagen. Sicher scheint nur, daß sie sich einander annähern werden.

Verschwund?

Wer dabei welchen Schritt machen muß, und welche Zeiträume in Betracht gezogen werden müssen, um die anstehenden Probleme zu lösen, ist ziemlich offen. Denkbar ist vieles: Zum Beispiel wird es einige Flächenmodellierer bald nicht mehr geben, zumindest nicht in ihrer jetzigen Form. EUKLID V4 und die Mannschaft der Fides Industrielle Automation wurde soeben bei strässle eingegliedert. Und strässle baut auf ACIS. Die Portierung auf diesen Geometriekern wäre also eine Möglichkeit.

Langfristig wird es wohl tatsächlich zu einer gewissen Zahl von echten Komplettsystemen kommen, die dann die Funktionalität von 2D und Solid Modeling mit der Funktionalität der traditionellen Flächenmodellierer verbinden können.

Mit langfristig ist aber hier wirklich eine längere Frist gemeint. In den nächsten fünf Jahren wird sicherlich kaum jemand auf die Features der CAM-Pakete verzichten wollen und können: von der 5-Achsen-Simultan-Bearbeitung über kollisionsfreie Offline-Programmierung von Laserschneidmaschinen bis zur Rückführung von manuell korrigierten Urmodellen in CAD-Flächendaten. Bis solche Punkte von Volumenmodellierern beherrscht werden, gehen sicherlich jeweils noch einige neue Versionen ins Land.

6. Wo steht wer?

Natürlich sind die bisher genannten und ausführlicher behandelten Systeme nur Beispiele. Der Markt und die Auswahlmöglichkeiten für den Anwender sind – immer noch – wesentlich größer.

In diesem Kapitel will ich versuchen, den momentanen Entwicklungsstand einer Reihe wichtiger und relativ stark verbreiteter Systeme in alphabetischer Reihenfolge darzustellen: ohne Rücksicht auf die jeweils zutreffende Betriebssystem- oder Hardwareplattform.

Auch diese Darstellung erhebt nicht den Anspruch, vollständig zu sein.

6.1 ANVIL 5000

Die Manufacturing and Consulting Services GmbH (MCS), deren deutsche Tochter – zugleich ihr europäisches Zentrum – in Langen beheimatet ist, wurde 1971 gegründet.

Der Source Code des unter Leitung des Gründers und Geschäftsführers Dr. Hanratty entwickelten eigenen CAD/CAM-Systems gab unter anderem auch die Grundlage der ersten Produkte von Computervision und McDonnell Douglas ab.

ANVIL 5000, Version 3, aktuelles Komplettpaket von MCS, wurde 1989 erstmals freigegeben.

Das System beruht auf einem eigenen Kern. Im Zentrum steht künftig der jetzt hinzugekommene 3D-Modellierer (ANVIL Intelligent Modeler, AIM), der in Verbindung mit einem Skizziermodul parametrische Konstruktion, Feature

Eigener Kern

Based Modeling und interaktive Variantenkonstruktion gestattet.

Daneben verfügt die Software unter anderem über einen 2D-Zeichnungsteil, ein recht leistungsfähiges Flächenmodul, über FE-Berechnung (OMNIFEM), 2 1/2- bis 5-Achsen-Bearbeitung, und verschiedene Branchenerweiterungen, beispielsweise für die Blechkonstruktion oder den Spritzgieß-Formenbau.

Das System bietet nach eigenen Angaben Assoziativität zwischen dem 3D-Modell und 2D- beziehungsweise NC-Daten.

ANVIL war schon seit jeher ein hardwareunabhängiges Programm. Noch lange bevor sich eine relative Standardisierung der Betriebssysteme durchsetzte, konnte der Anwender zwischen nahezu allen denkbaren Plattformen aussuchen – vom IBM Host, über VMS-Rechner und UNIX-Workstations bis zum PC.

Diese Offenheit, ein eigener Kern mit beachtlich schnellen Algorithmen, eine grafisch-interaktive Oberfläche mit Pictogramm-Menüs, und eine der aktuellen Marktentwicklung weitgehend entsprechende Produktstrategie läßt MCS der gegenwärtigen Entwicklungshektik im Umfeld der CA-Technologien eher gelassen zuschauen.

Kein Bedarf   Ein Bedarf für eine grundsätzliche Neuentwicklung wird jedenfalls zur Zeit nicht gesehen.

6.2 AutoCAD

Das System, das alphabetisch an führender Stelle kommt, ist zugleich die Software, die seit Mitte der 80er Jahre wohl für den rasantesten Schub der Ausbreitung der CAD-Technologie gesorgt hat.

Weltweit kann der Hersteller Autodesk, derzeit sechstgrößtes PC-Softwareunternehmen, 1993 mehr als 800 000 Installationen zählen, natürlich ohne die illegalen Kopien. Auch in Deutschland ist AutoCAD mit großem Abstand das am weitesten verbreitete CAD-Produkt.

Anfangs war die Plattform MS-DOS auf IBM-PCs und hierzu kompatiblen Rechnern noch Anlaß für die restliche CAD-Welt, sich über diese neue Sorte von ‚Micky-Maus-Systemen' zu mockieren. Die Überheblichkeit wich bald der Einsicht, daß gerade die PC-Basis AutoCAD zu einer internationalen Marktführerschaft verhelfen würde.

Seit Jahren gilt nun das AutoCAD-Datenformat DXF als Quasi-Standard, den Softwareanbieter im CAD/CAM-Umfeld ebenso beherrschen sollten wie IGES oder VDA-FS.

Quasi-Standard DXF

Mit der Version 12 ist AutoCAD seit kurzem auch unter MS-Windows lauffähig. Wenn auch die große Begeisterung bei der Mehrheit der heutigen Anwender noch ausbleiben dürfte – auch in diesem Punkt stimmt die Strategie mit der Marktentwicklung überein.

Was auf UNIX-Rechnern MOTIF-Oberflächen und grafisch interaktive Benutzerführung bedeuten, das ist MS-Windows und künftig Windows NT auf dem PC.

Im übrigen bietet Autodesk das CAD-Programm aber längst auch auf einer ganzen Reihe anderer Plattformen unter verschiedenen UNIX-Derivaten auf diversen Grafik-Workstations an.

CAD-Plattform

Aber es gab neben der Plattform DOS noch einen anderen Grund, warum sich AutoCAD so rasch und über alle Länder- und auch Branchengrenzen hinweg ausdehnen konnte: Die Entwickler in Sausalito (Kalifornien) bauten nämlich im Unterschied zu allen anderen Programmen kein fertiges Endprodukt, sondern ein Basissystem.

Um AutoCAD als Mechanik-Paket einsetzen zu können, müssen noch einige Zusätze implementiert werden: ein passendes Menütablett, Bibliotheken mit Normteilen und Normalien, ein Programm zur Stücklistenverwaltung oder eine Zeichnungsverwaltung und anderes mehr.

Und dasselbe gilt für alle Branchen-Anwendungen. Über 3500 solcher Applikationen werden derzeit von rund 1500 unabhängigen Softwarehäusern angeboten.

AutoCAD ist eine Basis, die die CAD-Grundfunktionalität liefert. Ein relativ offenes System, das zunächst in Form einer eigenen Programmiersprache, künftig hauptsächlich in C, die Programmierung nahezu beliebiger Erweiterungen oder auch betriebsspezifischer Zuschnitte gestattet.

Jedermann

Zahlreiche große Konzerne haben entweder selbst oder über externe Softwareentwickler ihre eigenen AutoCAD-Lösungen schreiben lassen: Mineralölkonzerne wie BP, Reifenhersteller wie Michelin, Fassadenbau-Giganten wie Gartner – um nur einige zu nennen.

Es dürfte aber heute kaum ein bedeutendes Industrieunternehmen geben, das nicht wenigstens in irgendeiner Abteilung einen oder mehrere AutoCAD-Arbeitsplätze betreibt.

Trendwende zu ACIS

Neben der 2D-Zeichnungserstellung verfügt die Software auch über ein Flächen- und Volumenmodell. Dennoch genießt unzweifelhaft der Einsatz in der 2D-Fertigzeichnung hier noch höhere Priorität als bei den CAD-Systemen insgesamt.

B-REP und CSG-Strukturen werden nebeneinander verwaltet. Schon bei sehr einfachen Bauteilen zeigt sich aber, daß die Algorithmen und die Datenbasis – noch dazu auf dem PC unter DOS – absolut überfordert sind. Einzelne Einsatzbeispiele, wie eine Spezialapplikation für den Rohrleitungsbau, sind zwar erhältlich. Doch das Gros der Anwender hat sich bisher meist jeglicher 3D-Konstruktion enthalten.

Das soll nun anders werden. Autodesk weiß um den aktuellen Trend. Und der geht eben in Richtung 3D.

Flächen integriert

Bereits im Oktober letzten Jahres wurde Micro Engineerings Solutions (MES) übernommen. Der Hersteller des Flächenmodellierers Solution 3000, dessen Funktionalität von der Draht- und Flächenmodellkonstruktion bis hin zur 2- bis 5achsigen NC-Bearbeitung reicht.

Dieses Programm wird nun in mehreren Etappen in AutoCAD integriert. Mit dem Ziel, stärker als bisher über die reine Konstruktion hinaus effektive Funktionalitäten für die

Produktentwicklung speziell im mechanischen Bereich zu bieten.

Darüber hinaus gab es seit einiger Zeit wechselnde Gerüchte über einen neuen Geometriemodellierer, der die alte Datenstruktur von AutoCAD ersetzen sollte.

Am 8. Juni 1993 verkündete Autodesk schließlich, wer das Rennen gemacht hat: Nach einer ausgesprochen gründlichen Evaluationsphase entschied man sich für ACIS. Ab 1994 – also vermutlich noch nicht in der Version 13, sondern danach – wird der 3D-Volumenmodellierer von Spatial Technology die neue Basis von AutoCAD darstellen. Diese Entscheidung hat Tragweite. Einerseits dürfte sich Autodesk mit diesem Schritt die Voraussetzungen schaffen, auch für die nächste Etappe in der CAD/CAM-Anwendungsgeschichte eine führende Rolle zu spielen. Zum anderen wird der Beschluß aus Kalifornien dem neuen Modellierer neuen Auftrieb geben. Wer nicht nur über 200 Lizenznehmer verbucht, sondern darunter gleich den mit der absolut größten Installationszahl weltweit, der hat einen großen Schritt zumindest in Richtung auf einen Quasi-Standard getan.

ACIS-Verkündung

Die Produktphilosophien passen bestens zueinander: Auf den offenen Geometriekern wird nun ein ebenfalls offenes System gesetzt, das nochmals alle möglichen Entwickler einlädt, Applikationen anzugliedern.

*Plattform
zu Plattform*

Der Schneeballeffekt kann nicht ausbleiben.

6.3 Bravo

1969 wurde Applicon gegründet und gehörte zu den ersten Anbietern der damaligen sogenannten Turn-Key-Systeme. Nach dem Aufkauf durch Schlumberger änderte sich vorübergehend der Firmenname in Schlumberger CAD CAM Division.

Dann hieß das Unternehmen wieder Applicon, bevor es im Herbst 1993 von einer US-amerikanischen Firma übernommen wurde.

Erfolglose Abstecher

Bravo umfaßt verschiedene Module für Konstruktion, Entwicklung und Fertigung mit dem Schwerpunkt auf der Anwendung im Maschinenbau. Dieser Schwerpunkt wurde über Jahre hinweg etwas aus den Augen verloren. MacBravo, eine Macintosh-Version des Systems, und verschiedene Anläufe zum Fußfassen in Bereichen wie der Elektrotechnik, erwiesen sich nicht als erfolgreich.

Wichtigstes Produkt ist BravoDesigner, ein 3D-Drahtmodellierer. Daneben verfügt Applicon aber auch über das Volumenmodell BravoSolids, einen Flächenmodellierer, einen starken 2D-Zeichnungsteil, das Datenmanagement-Paket BravoFrame und anderes mehr.

In seiner jetzigen Version 4 gehört Bravo zu den ,alten' 3D-Systemen. Verschiedene Datenbasen (zum Beispiel ROMULUS und ein eigener interaktiver Modellierer) schränken die Produktivität des Gesamtsystems ein.

Zwar gibt es verschiedene Anwender, die bereits bisher sehr umfangreiche 3D-Konstruktionen mit Bravo erstellt haben: Zum Beispiel demonstriert Bloom und Voss mit vollständigen Fregattenmodellen, wozu 3D-Technik genutzt werden kann. Aber generell kann den Anforderungen des Marktes mit bloßen Verbesserungen auf der vorhandenen Grundlage sicher nicht entsprochen werden.

Ende 1992 umfaßte die Kundenbasis 420 deutsche Unternehmen mit 2800 Arbeitsplätzen, 900 Firmen mit 5250 Installationen in Europa, und 4200 Kunden setzten weltweit insgesamt rund 12000 mal das Applicon-System ein.

Mit ACIS neu

Im Hintergrund wird – nach einem Wechsel in der Entwicklungsstrategie – seit geraumer Zeit an einer neuen Software gearbeitet. Die Basis wird auch in diesem Fall ACIS sein. Mit der Freigabe kann nach Angaben des Herstellers im ersten Quartal 1994 gerechnet werden.

Schritt für Schritt

Bereits verfügbar ist ein selbst entwickeltes Parametrik-Modul. GCE, Geometric Constraint Engine, ist in der Lage, auch nicht geschlossene Gleichungssysteme zu handhaben.

Momentan sind genauere Angaben über die Funktionalität des künftigen Produktes Bravo noch nicht möglich. Fest steht, daß FEM-Berechnung und NC-Bearbeitung integriert sein werden.

Aber ob die durchgängige Datenstruktur zu bidirektionaler Assoziativität genutzt wird oder nicht, ob Advisor-Technologie in irgendeiner Form hinzukommt – solche Fragen müssen hier offenbleiben.

6.4 CADAM und CATIA

Mit viel Rumoren hinter den Kulissen wird bei Dassault Systemes in Frankreich an der Version 4 von CATIA gearbeitet.

Nach der Übernahme eines großen Teils der CADAM Inc. einschließlich rund 200 Mitarbeitern, sollen künftig Professional CADAM und CATIA in eine gemeinsame Software zusammenfließen.

Das Beste aus der weltweit sehr verbreiteten 2D-Konstruktion bei CADAM wird demnach das Riesen-Komplettpaket CATIA ergänzen, das unter den Vertriebsfittichen von IBM zu einem der führenden CAD-Systeme auf HOST-Rechnern und Workstations geworden ist.

Rund 3.000 Firmen arbeiteten Ende 1991 mit CATIA. Dabei war die Software etwa 6600 mal auf Workstations installiert. Und in knapp 1500 Fällen lief sie zu diesem Zeitpunkt auf Host-Systemen, wobei von einer durchschnittlichen Zahl von zehn Arbeitsplätzen pro Zentralrechner ausgegangen werden kann.

Auf Host und Risc

Schwerpunkt der Anwendung ist der Maschinenbau und hier wiederum die Automobilindustrie und ihre Zulieferer. Neben dem Funktionsumfang des Allround-Systems war es aber vor allem die Vertriebspolitik von IBM und die mit diesem Firmenhintergrund für viele Unternehmen verbürgte langfristige Sicherheit der Investitionen, die zu dem Erfolg beitrug. Denn die Leistungsstärke von CATIA konnte nicht in allen angebotenen Bereichen mit der von konkurrierenden Produkten mithalten.

Wichtiges Handicap war bislang beispielsweise eine deutliche Schwäche des NC-Bearbeitungsteils. Und die besten Freiformflächen-Konstruktionen nützen wenig, wenn zu ihrer Bearbeitung wieder ein anderes System hinzugezogen, und möglicherweise die CAD-Daten einer zusätzlichen Aufbereitung unterzogen werden müssen.

Höhere Gründe Aber auch die nicht besonders komfortable Benutzerführung und das mögliche Arbeitstempo des Systems hätten manchen Anwender eher zu anderen Produkten greifen lassen, wenn nicht 'höhere' Gründe den Ausschlag gegeben hätten.

In etlichen Fällen unterlag das Paket dennoch. Die Systemarchitektur, aber auch die gesamte Produktphilosophie entsprach – zumindest in letzter Zeit – nicht mehr den Anforderungen des Marktes.

Retourkutsche CATIA V4 soll nun eine Antwort auf Pro/ENGINEER oder I-DEAS Master Series und andere 3D-Systeme der neuen Generation sein.

Auf der Grundlage der alten Datenbasis – vermutlich mit Blick auf die Kompatibilität des Altdatenbestandes der Kunden – hat es etliche Erweiterungen und Umbauten gegeben.

Version Vier

Nach eigenen Angaben sind dabei die wesentlichen Ziele:

- Die Schaffung von Möglichkeiten zur echten Teamarbeit. Das bedeutet bei CATIA vor allem auch die Überwindung der Grenzen zwischen Host- und Workstation-Plätzen, um einen simultanen Zugriff auf Geometriemodelle aus verschiedenen Bereichen eines Unternehmens heraus zu gestatten. Auch von Rechnern, die nicht aus dem Hause IBM stammen.
- Langfristig soll eine Art virtuelles Prototyping auf der Grundlage der 3D-Geometrien möglich gemacht werden.

Mit anderen Worten: CATIA V4 soll der Anfang einer neuen CATIA-Generation sein, die Concurrent Engineering unterstützt. Von der 3D-Konstruktion bis hin zum integrierten Prozeß- und Projektmanagement.

Das Thema Parametrik wird bei CATIA so gelöst, daß Konstruktionen grundsätzlich erst im nachhinein mit Parametern versehen werden. Nach eigenen Angaben geschieht dies automatisch. Das heißt, daß Dassault auch in diesem Punkt eine Aufwärtskompatibilität verspricht. Alte CATIA-Modelle sollen mittels V4 nachträglich parametrisiert werden können.

Die Fähigkeiten zum featurebasierten Konstruieren werden stark erweitert. Neben neuen vordefinierten Formelementen ist damit in erster Linie die Möglichkeit des Anwenders gemeint, eigene Elemente zu beschreiben. Zum leichteren Modellieren erhält das System einen 3D-Sketcher, der ohne genaue Maße auf der Basis von Boole'schen Operationen funktioniert. Auch in CATIA soll es mit der Version 4 möglich sein, 2D-Zeichnungen einschließlich der Bemaßung automatisch zu generieren. Und neben die facettierte, angenäherte Modelldarstellung tritt künftig – schaltbar – eine exakte Beschreibung der Konstruktionsteile.

Beobachter äußern sich nach ersten Tests ziemlich enttäuscht über die gebotene Performance. Um den Durchmesser eines Bolzens mit Kopf zu ändern, wurden beispielsweise noch auf der CAT '93 ca. 30 Sekunden benötigt.

Langsame Antwort

CATIA zeichnete sich schon immer vor allem durch seine Ausmaße und das allumfassende Angebot von Funktionalitäten aus. Ob das dadurch besser wird, daß statt der vorher 32 Module nun 92 zur Verfügung stehen, bleibt dahingestellt. Zur Handhabung dieser mit Blick auf die bessere Anpaßbarkeit gesteigerten Modularisierung soll die neue Version über einen Konfigurator verfügen.

Kein

Der Eindruck drängt sich auf, daß insgesamt noch nicht die rechte Antwort auf die aktuellen Entwicklungen parat ist. Durch ununterbrochenen Ausbau und stetiges Wachstum der Funktionalität wird CATIA mit Sicherheit nicht gerade schneller werden.

echter Neuanfang

Ob die Funktionalität sich überhaupt mit den herkömmlichen Strukturen und auf der alten Datenbasis so realisieren läßt, daß die Software technischen Vergleichen mit neueren Systemen standhält, muß sich zeigen.

6.5 CADDS 5 und Medusa

Die Freigabe von CADDS 5, dem jüngsten Sproß der traditionsreichen CADDS-Familie, markiert zugleich den Versuch des Herstellers Computervision, einen Generationswechsel zu vollziehen.

Mit der neuen Version wurde ein neuer 3D-Modellierer implementiert. CV-Core ist dabei eigentlich kein neuer Kern, wie der Name vermuten läßt, sondern mehr die Produktstrategie für die nächsten Jahre. CV-Core erhebt den Anspruch, nicht nur CADDS, sondern auch die anderen Produkte des Hauses auf eine neue Grundlage zu stellen.

Schillernde Palette

Computervision, Prime, Computervision – mit der abwechslungsreichen Firmengeschichte und den Aufkäufen anderer Unternehmen hat sich nicht nur der Schwerpunkt mehr und mehr von der Hardware auf die Software verlagert. Medusa, CADDS, VersaCAD und Calma sind einige Namen, die die mittlerweile recht schillernde Software-Produktpalette des Hauses repräsentieren.

CV-Core soll jetzt dabei helfen, diese nicht gerade sinnvolle und effektive Vielzahl von teilweise miteinander konkurrierenden CAD/CAM-Systemen allmählich auf einen gemeinsamen Nenner zu bringen.

Daß dabei – ähnlich wie bei IBM beziehungsweise Dassault Systemes – versucht wird, alle Altanwender gleichzeitig zufriedenzustellen und womöglich für die diversen CAD-Altlasten eine Aufwärtskompatibilität zu bieten, macht sicherlich den Generationswechsel schwieriger.

Medusa, mit dem Anwendungsschwerpunkt im allgemeinen Maschinenbau, ist eines der bedeutendsten Systeme für die 2D-Zeichnungserstellung, das auch in Deutschland eines der ersten Standardpakete auf dem Markt war.

CADDS hat sich in der Automobilindustrie und unter ihren Zulieferern eine ähnlich herausragende Position erobert. Wobei neben der Zeichnungserstellung bei diesem

System weitere Schwerpunkte die Flächenmodellierung und auch das Solid Modeling darstellen. Bei Calma lag das Gewicht noch klarer auf der Flächenkonstruktion und -Bearbeitung.

CV-Core

Hinter CV-Core steht einerseits ein B-Rep-Modellierer, der in Verbindung mit einer History-Verwaltung 3D-Parametrik gestattet, andererseits eine einheitliche Graphik (Hoops) und auch eine gemeinsame grafisch-interaktive Benutzeroberfläche.

Derzeit bietet sich aber unter der neuen Oberfläche ein einheitliches Bild, das nicht die ganze Wahrheit widerspiegelt.

Schein und Sein

Der parametrische Modellierer ist sowohl in CADDS 5 als auch in Medusa, Version 12, implementiert. Aber damit wurde die alte Datenbasis nicht ersetzt.

Vielmehr ergänzt der neue Modellierer beide Pakete um zusätzliche Funktionalitäten. Nebeneinander stehen unterschiedliche Datenstrukturen. Die Verbindung zwischen ihnen muß jeweils per internen Datenaustausch vorgenommen werden.

Die Assoziativität zwischen 3D und 2D ist gegenwärtig nur in einer Richtung gegeben. Geometrie und Bemaßung werden nach einer Änderung des 3D-Modells automatisch nachgeführt. Im übrigen läßt die Durchgängigkeit der Systeme verständlicherweise viel zu wünschen übrig.

Einseitig assoziativ

Bei CADDS 5 wurden von Anwendern sehr schnell die Schwierigkeiten bemerkt, die das parallele Arbeiten mit Parametrik und der sogenannten ‚expliziten' Modellierung mit sich bringt. Der dazu notwendige Datenaustausch birgt eben die von allen Schnittstellen hinlänglich bekannten Probleme.

Von der ins Auge gefaßten Vereinheitlichung der Systeme ist der gegenwärtige Zustand noch ein paar Jahre entfernt. Schritt für Schritt versucht man dem Ziel näherzukommen.

Zukunftsmusik

Calma wird keine wesentlichen Erweiterungen mehr erhalten. Mit anderen Worten: Auf eine bestimmte Zeit gibt es noch eine Wartung und dann stirbt das System langsam aus. Die Anwender werden Zug um Zug mit entsprechenden Angeboten zu einem Wechsel animiert.

Medusa und CADDS werden sich weiter annähern. Ein Beispiel: Sheet Metal Design, das Blechpaket von Medusa, läßt sich auf Basis des gemeinsamen Parametrik-Modellierers nun auch in Verbindung mit CADDS 5 einsetzen.

STEP by STEP   Als nächster großer Zwischenschritt auf dem Weg zu gemeinsamen Strukturen wird STEP als generell unterstütztes Datenformat anvisiert, um schließlich auf Grundlage einer objektorientierten Datenbank eine Durchgängigkeit nicht nur für die Geometrie, sondern für die gesamten Produktdaten verwalten zu können.

6.6 CADdy

Das System kommt von Ziegler Informatics in Mönchengladbach und ist einer der wenigen deutschen Beiträge zum Thema CAD, der nicht nach kurzem Durchstarten den Geist aufgibt.

Schwerpunkt 2D   Mit inzwischen rund 30000 Installationen, davon etwa 85 Prozent in Deutschland, ist CADdy seit Mitte der 80er Jahre ausgesprochen erfolgreich gewesen. Zunächst ausschließlich 2D-System, wurde die Funktionalität dann auch um 3D-Flächen und um ein Volumenmodell erweitert. Dennoch bleibt das Hauptanwendungsgebiet die Erstellung von Fertigzeichnungen.

Es gibt auch keine durchgängige Datenstruktur, sondern ein Nebeneinander verschiedener Basen. Weder vom Kern noch von der Funktionalität und Performance ist CADdy geeignet für einen Umstieg der Anwender von der 2D- auf die 3D-Konstruktion.

CADdy war eines der Pioniersysteme für PC-CAD. Obwohl auch in diesem Fall der Beweis gelang, daß man nicht unbedingt großkalibrige Hardware braucht, um professionell CAD zu betreiben, sucht man bei Ziegler doch nach neuen Wegen.

Die Diskussion über künftige zentrale Konstruktionsmethoden, einschließlich Parametrik, Feature Modeling und 3D-Varianten, wird auch in Mönchengladbach geführt.

Anfang 1994 wird voraussichtlich ein neues System vorgestellt. Es befindet sich gegenwärtig unter dem Arbeitstitel CADdy++ in der Entwurfsphase. Zielmarkt ist die Windows- und WindowsNT-Welt.

CADdy++

Sicher ist, daß es sich nicht einfach um eine Portierung oder Weiterentwicklung von CADdy handelt. Die neue Software soll sich aber wie CADdy an verschiedenen Branchen orientieren und auf einem eigenen Kern beruhen. Das interne Modell wird ein 3D-Kantenmodell sein, das auch die Flächeninformationen beinhaltet.

Für die mechanische Konstruktion wird es daneben ein Erweiterungsmodul auf Basis eines Volumenmodellierers geben. Welcher Kern hier zugrunde gelegt wird, ob ACIS, eine andere Fremdentwicklung oder etwas Eigenes, und welche Funktionalität die Software bieten soll, darüber sind zur Zeit noch keine genaueren Informationen zu erhalten. Solid Modeler und die anderen CADdy++-Bausteine werden allerdings in jedem Fall über identische Objektstrukturen verfügen.

6.7 EUCLID 3

Der Ursprung lag 1969 in Frankreich. Mit einem eigenen Volumenmodellierer gehört EUCLID zu den ältesten 3D-Systemen am Markt. In Deutschland ist es etwa 1200 mal installiert, weltweit gibt es rund 7500 Arbeitsplätze.

Neben den Solids verfügt die Software von Matra Datavision auch über einen sehr leistungsfähigen Flächen-Part, der zu einer bedeutenden Rolle von EUCLID im Werkzeug- und Formenbau, in der Keramikindustrie, in Schmieden und Gießereien geführt hat.

Das Programm ist überwiegend in FORTRAN geschrieben. Bis auf einzelne, neuere Teile, die ein Umschwenken in Richtung C++ eingeläutet haben.

Viele Module, einschließlich NC-Bearbeitung, 2D-Zeichnungserstellung und Speziallösungen, haben aus EUCLID ein umfangreiches Komplettpaket gemacht, das vor denselben Schwierigkeiten steht, wie alle anderen alten Systeme: Der Markt verlangt etwas anderes.

Auch bei Matra wurden Überlegungen angestellt, ob mit ACIS schnell eine Lösung der aktuellen Aufgaben realisiert werden könnte. Die Entscheidung fiel aber für eine eigene Neuentwicklung.

Der Aufwand, um alle eigenen Module auf ACIS umzustellen, schien den Entwicklern bei Matra größer.

Schwierige Strategie

Nun wird an einem neuen EUCLID gearbeitet. Dabei verfolgt man eine Strategie, die sicherstellen soll, daß die vorhandenen Anwendungen nicht in ihrer Produktivität gestört werden. Ein behutsamer, langsamer Übergang soll stattfinden. Ähnlich wie dies bei den Produkten von Computervision in Angriff genommen wird. Modul für Modul soll auf objektorientierte Programmierung in C++ umgestiegen werden. Während gleichzeitig an der Entwicklung eines eigenen neuen Modellierers gearbeitet wird.

Nach Angaben des Herstellers ist mit der endgültigen Fertigstellung des gesamten Redesigns nicht vor 1995 zu rechnen.

6.8 HP PE/SolidDesigner

Hewlett Packard gehörte zu den ersten Systemhäusern, die sich um eine Lizenz des Volumenmodellierers ACIS bemühten.

Mit HP ME10 und HP ME30 verfügt das Haus über eigene Produkte, die im Markt sehr gut eingeführt sind. Besonders das 2D-Paket ME 10 zählt, zumindest auf Workstationbasis, mit derzeit über 10000 Installationen in Deutschland und über 35000 weltweit zu den führenden Lösungen.

Bezüglich der 3D-Modellierung litt aber das Programm unter denselben Einschränkungen wie alle herkömmlichen Pakete: keine Assoziativität 3D-2D, kein Beherrschen von Freiformflächen (und damit auch Verrundungen), keine befriedigende Lösung in Richtung Fertigung – um die wichtigsten noch einmal zu nennen.

Eine strategische Neuausrichtung stand auf der Tagesordnung. Herausgekommen ist jetzt eine neue Produktreihe, die schon mittels ihres Namens klarstellen soll, wohin der Zug fährt: HP PE ist der gemeinsame Oberbegriff. Er steht für *Hewlett Packard Precision Engineering Systems*. Der Dreh- und Angelpunkt ist also die Ausrichtung auf die notwendige Umstrukturierung des Produktions- und Entwicklungsprozesses, die durch die DV-Tools optimal unterstützt werden soll.

Das bedeutet zum einen einen leistungsfähigen Modellierer, der den Wechsel zur 3D-Konstruktion gestattet. Und zum anderen die softwaretechnische Unterstützung optimierter Prozesse in der Industrie, also ein Daten- und Prozeßmanagement-System.

Nicht nur ACIS

Auf der Basis von ACIS wurde ein neuer Volumenmodellierer entwickelt: HP PE/SoldiDesigner. Aus verschiedenen Gründen wurde aber nicht unmittelbar auf ACIS gesetzt, sondern die erste verfügbare Version mit eigenen Weiterentwicklungen ausgebaut. Vor allem bezüglich der Freiformflächenthematik wollte HP einen eigenen Weg beschreiten. Hier wurde ein Modul von SI angekoppelt. Aber auch das Tempo der Entwicklung wollte HP durch den eigenverantwortlichen Ausbau des Kerns erhöhen.

Jedenfalls gab es an verschiedenen Punkten eine Auseinanderentwicklung zwischen dem Original und der Adaption. Heute bemühen sich Hewlett Packard und Spatial Technology, wieder zu einer gemeinsamen Lösung zu kommen, ohne daß HP seine speziellen Features verliert. Aber

Auseinander-Entwicklung

Klare Richtung

eben so, daß der SolidDesigner jeweils die aktuelle ACIS-Version zur Grundlage hat.

HP PE/SolidDesigner verfolgt eine klare Strategie der 3D-Konstruktion. Der Anwender soll darin bestärkt werden, grundsätzlich alle Teile als Volumenmodelle zu entwerfen.

In Richtung 2D-Zeichnungserstellung gibt es deshalb – wie bei anderen neueren Systemen – einen recht weitgehenden Automatismus. Aber nicht in der umgekehrten Richtung. Der Konstrukteur soll in 2D keine Änderung durchführen können. Produktentwicklung und – modifikation finden nur im 3D-Teil statt. Und die 2D-Zeichnung ist nichts als eine Darstellung davon. Dabei wird kein neues 2D-Modul entwickelt, sondern für die Zeichnungsdetaillierung wird eine Direktanbindung von HP ME10 verwendet. Auch bezüglich der HP ME30-Altlasten bemüht sich Hewlett Packard um eine für die Kunden befriedigende Lösung. Zeichnungen, die mit dem alten Modellierer erstellt wurden, können mit dem SolidDesigner gelesen und verändert werden.

Ein mit ME 30 konstruiertes Modell kann also im SolidDesigner mit Freiform- oder Verrundungsflächen versehen werden und ist interaktiv mit den Funktionen des neuen Modellierers zu bearbeiten.

Gleichzeitig mit der Freigabe des SolidDesigners kam 1992 das zweite Produkt der PE-Serie auf den Markt: der HP PE/WorkManager. Das System ist eine Neuentwicklung auf dem Boden der Erfahrungen mit der Datenbank HP-DMS. Es ist der Beitrag von Hewlett Packard zum Thema EDM.

Der Workmanager soll nicht nur Zeichnungsdaten verwalten, sondern zugleich allen am Entwicklungs- und Fertigungsprozeß beteiligten den geordneten Zugriff auf alle Produktdaten gestatten. Auch Workflow, Prozeß- und Projektmanagement wird zum vollen Funktionsumfang gehören.

Partnerschaften

Mehr und mehr setzt HP auf Partnerschaften, nicht nur bezüglich der Entwicklung von Teillösungen, sondern auch bezüglich des Angebots von Applikationen, die mit den hauseigenen Produkten eine runde Sache darstellen.

Ein eigenes, allgemeines CAM-Paket für den Maschinenbau auf Basis des SolidDesigners wird es beispielsweise nicht geben. Stattdessen aber eine enge Zusammenarbeit mit führenden Anbietern entsprechender Programmiersysteme. Jüngste Entscheidung: STRIM 100 von Cisigraph wird mit dem SolidDesigner gekoppelt.

Genauso sucht man Partner auf diversen Gebieten im technischen EDV-Umfeld. Von Branchenlösungen, über FEM-Programme, bis hin zu komplexen Simulationspaketen, beispielsweise zur Kollisions- und Zusammenbaustudien bei der Konstruktion von Werkzeugmaschinen. Auch von dieser Philosophie her ist natürlich eine Basis wie ACIS gut geeignet.

6.9 ICEM und I/EMS

Control Data verfügt mit der ICEM-Produktfamilie über ein vor allem im Automobilbau einschließlich der Zulieferindustrie gut eingeführtes System.

Der Schwerpunkt liegt deutlich auf der mechanischen Konstruktion. Teile des Pakets sind Weiterentwicklungen eines ursprünglich von VW ins Leben gerufenen Oberflächenmodellierers.

ICEM stellt ein Komplettangebot dar. Von der 2D-Zeichnung über verschiedene 3D-Modellierer bis zu FEM-Berechnung, Simulation und NC-Bearbeitung.

Das System ist ständig gewachsen. Die Zusammenstellung eines Gesamtpaketes aus verschiedenen Einzellösungen führte aber letztlich wie überall zu demselben Problem: Es fehlt mehr und mehr das durchgängige Datenformat, das alle Module ohne Datenaustausch und möglichst unter derselben Oberfläche miteinander verbindet.

Zunächst wurde an eine ACIS-Implementierung gedacht. Auf dieser Basis gibt es auch bereits eine hervorragende, grafisch-interaktive Benutzeroberfläche, und mit ICEM PART (siehe Kapitel 4.2) ein automatisches NC-System.

Doch nicht ACIS

Doch der Gesamtaufwand für ein vollständiges Redesign der Modellierer und Applikationen erwies sich auch unter Verwendung eines fertigen Kerns als zu hoch.

Als Alternative ergab sich die Zusammenarbeit mit einem Softwarehaus, das bislang weniger im Bereich Mechanik zu Hause ist: Intergraph.

Mit I/EMS, dem wichtigsten Produkt aus der breiten Palette von Intergraph-Systemen, ist der nordamerikanische Hersteller äußerst erfolgreich vor allem im Anlagen- und Fabrik-Bau, daneben aber auch in Sachen Elektrotechnik und Elektronik.

In den letzten Jahren gab es aber bei Intergraph eine deutliche Trendwende: Mit dem Anmelden von Ansprüchen auch im Bereich des allgemeinen Maschinenbaus und der Mechanikkonstruktion.

Groß-Aufkäufer

Auf der einen Seite äußerte sich dieser Anspruch in den Aufkäufen wichtiger Firmen wie ISYKON (PROREN, PROCAD) und Norsk Data (Technovision), auf der anderen im Ausbau der Kundenbasis des PC-basierenden AutoCAD-Konkurrenzproduktes MicroStation.

I/EMS verfügt über einen Modellierer der neueren Generation. Inzwischen ist damit parametrische Konstruktion möglich, und auch die Assoziativität zwischen den verschiedenen Darstellungen eines 3D-Modells ist gewährleistet. Aber es ist kein auf den CAD/CAM-Anwender des Maschinenbaus oder gar der Automobilindustrie zugeschnittenes Produkt.

Mechanik-Deal

Der Deal liegt auf der Hand: Eine gemeinsame Entwicklung soll im Laufe der kommenden – voraussichtlich zwei – Jahre eine Symbiose aus I/EMS und ICEM hervorbringen. Nach jüngsten Informationen ist dabei nun erneut ACIS als geometrische Datenbasis im Gespräch.

Von Intergraph kommt der Kern und die Funktionalität im Bereich der Volumenmodellierung; von Control Data die Maschinenbau-spezifischen Features und eine Benutzerführung, die absolut auf dem Stand der Technik ist. Und auch die Anbindung des ACIS-basierten ICEM PART ist Bestandteil dieser Pläne.

Vor 1995 ist mit einer Freigabe des gemeinsamen Paketes allerdings sicher nicht zu rechnen. Zunächst wird es vermutlich eine Ausrichtung der Vertriebsaktivitäten auf die gemeinsame Zukunft geben. Mit der Aufnahme des jeweiligen Partnerproduktes in das eigene Angebot.

6.10 KONSYS 2000

Die Firma strässle mit der Zentrale in Stuttgart gehört noch nicht lange zum Kreis derjenigen, die im Rahmen von 3D-CAD eine herausragende Rolle spielen. Die heutige Position hat auch weniger mit dem alten CAD-System zu tun, als mit der Firmenentwicklung der letzten Jahre auf der einen, und mit der neuen Produktstrategie auf der anderen Seite.

KONSYS, das war bisher im wesentlichen das CAD-System, das mit dem Einkauf der Schweizer Contraves-Entwicklung vor Jahren übernommen wurde. Dieses System ist vorwiegend geeignet zur 2D-Zeichnungserstellung: mit einem 3D-Modellierer der alten Garde, einem angekoppelten Flächenmodellierer und mit der Einbindung der Datenverwaltung INFOSYS.

In den letzten Jahren hat sich das Unternehmen zunächst *strässle Fittiche* zu einer Unternehmensgruppe ausgeweitet, um seit kurzem wieder unter einem Dach zu operieren. Die Firmenübernahmen, die dabei stattfanden, sind zahlreich. Im Bereich der CAD/CAM-Software sind wohl die wichtigsten:

- rwt in München: Der Industrie-Terminal-Anbieter zählt gleichzeitig zu den führenden Herstellern von NC- und Werkstattprogrammiersystemen in Deutschland.
- Nestler in Lahr: Das Schwarzwälder Systemhaus kam in Raten, gehört aber jetzt ebenfalls voll und ganz zum Unternehmen. NESCAD heißt die 2D-Software, die hier entwickelt wurde – in Ergänzung und parallel zu den herkömmlichen Zeichenmaschinen. Das Produkt kam in Deutschland auf Installationszahlen von immerhin über 1 600 Arbeitsplätze.

- Fides Industrielle Automation in Zürich: Mit deren Eigenentwicklung EUKLID V4 wechselte eines der führenden 3D-Freiformflächensysteme mit integrierter 2- bis 5achsiger NC-Bearbeitung ins Haus.

Es gab noch andere Übernahmen, die bezüglich der Gesamtausstattung von Unternehmen mit technischer und kommerzieller EDV Bedeutung haben. Aber vor allem die drei genannten Mannschaften sorgen für eine deutliche Aufwertung von strässle im Kreis der CAD/CAM-Anbieter. Derzeitiger Kundenstamm der KONSYS-Installationen mit allen hinzugekommenen Produkten: rund 3000.

Komplett in Richtung ACIS

Bezüglich des Redesigns der Software hatte sich die Entwicklungszentrale in Glattbrugg bereits vor über drei Jahren ungefähr zeitgleich mit Hewlett Packard für ACIS entschieden. Aber im Unterschied zu HP setzte strässle vollumfänglich auf den Originalkern und seine Fortentwicklung in Cambridge.

Langfristig

Jetzt läßt sich unschwer erraten, daß eine langfristige Perspektive des Gesamtsystems sicherlich auch nicht abseits dieses Geometriekerns verlaufen wird.

Momentan – seit Juni – ist erst das Kernsystem unter dem Arbeitstitel strässle SOLID verfügbar. Ein Volumenmodellierer, der parametrische Konstruktion und featurebasiertes Modellieren gestattet.

Strukturelle Anpassungen

Nestler übernimmt die Entwicklung im 2D-Bereich. Statt NESCAD und KONSYS Draft, dem 2D-Modul des alten Systems von strässle, wird es in KONSYS 2000 nur noch ein einziges 2D-Modul geben. Zur Zeit findet hier eine Umstellung auf eine neue Datenstruktur statt, die zum Modellierkern ACIS paßt.

** Der Geschäftsführer von D-Cubed ist John Owen, den mit den ACIS-Entwicklern nicht nur eine gemeinsame 3D-Vergangenheit verbindet, sondern mit seinen Büros auch ein Doppelhaus in Cambridge.*

Auf dieser Basis wird es in Verbindung mit dem Dimensional Constraint Manager (DCM) von D-Cubed* eine vollständige Assoziativität zwischen 2D-Daten und 3D-Modell geben.

rwt ist bezüglich KONSYS 2000 vor allem zuständig für die 2 1/2 D NC-Bearbeitung. Hier heißt die künftige Basis Strata, also der NC-Kern, der von Spatial Technology in enger Kopplung an ACIS entwickelt wird.

Wie schnell und wie unmittelbar das Flächensystem EUKLID V4 an ACIS gekoppelt werden soll, ist momentan noch nicht genauer definiert.

Umfangreiche Forschungsprojekte sollen die Entwicklung eines praxisnahen und für die Industrie produktiv einsetzbaren Systems sicherstellen. Beispielsweise mit der TU Magdeburg in Sachen Formelemente für den Vorrichtungsbau oder mit dem ESPRIT-Projekt, auf das in Kapitel 3.1 näher eingegangen wurde.

Für die CeBIT '94 ist die Vorstellung eines Prototypen und für 1995 die Freigabe des Gesamtsystems KONSYS 2000 geplant.

6.11 Sigraph

Bei Siemens Nixdorf Informationssysteme (SNI) gibt es bislang eine eigene 3D-Entwicklung im Rahmen der Sigraph-Produktfamilie, und zwar auf der Basis des Kerns Parasolid von Shape Data (beziehungsweise EDS). Es sind sogar eine Reihe von Softwareentwicklern abgestellt, die in Cambridge unmittelbar Einfluß auf die weitere Kernentwicklung nehmen.

Dennoch scheint es in dieser Richtung nicht die gewünschten Fortschritte zu geben. Denn auf der CAT '93 wurde eine enge Zusammenarbeit mit SDRC bekanntgegeben. Danach wird das 2D-Parametrik-Modul Sigraph Design weitgehend in die I-DEAS Master Series integriert, um den Siemens-Kunden eine Aufstiegs-Option ins 3D Variational Design mit I-DEAS zu bieten. SDRC nimmt Sigraph Design und das Elektrotechnik-Paket Sigraph ET in seine Produktpalette auf. Im Gegenzug übernimmt SNI den Mitvertrieb der Master Series. Auch eine direkte Ein-

Was mehr Erfolg verspricht

Die eigene Nebenrolle
definiert

bindung von I-DEAS in das EDM-Produkt SIFRAME ist beabsichtigt.

In einer Presseerklärung zur CAT bezeichnete SNI I-DEAS als „die marktführende Gesamtlösung für 3D CAE/CAD/CAM". Damit dürfte sich abzeichnen, daß die Eigenentwicklung zumindest in der nächsten Zeit keine wichtige Rolle im Wettbewerb mit den neuen 3D-Modellierern spielen wird.

Dennoch wird zumindest derzeit an der Weiterentwicklung – mehr oder weniger im Hintergrund – festgehalten. Ob daraus zu einem späteren Zeitpunkt ein weiteres in diesem Zusammenhang zu berücksichtigendes Produkt wird, bleibt abzuwarten.

6.12 STRIM 100

Cisigraph, mit dem Ursprung im französischen Flugzeugbau, gehört eher zu den Anbietern von Systemen aus der ‚anderen 3D-Welt'.

STRIM 100 ist im wesentlichen ein Flächenmodellierer, geeignet für den Einsatz im Werkzeug-, Formen- und Modellbau. Für die Konstruktion und Fertigung von Spritzgießformen oder zur Beschreibung und Bearbeitung von Freiformflächen, wie sie im Automobil- und Flugzeugbau anzutreffen sind. Aber neben dieser Funktionalität verfügt das Paket auch über etliche Features im weiteren CAE-Umfeld. Rheologie- und FEM-Berechnung, Rendering, Datenbank – und auch 3D-Volumenmodellierung. Dabei macht der Hersteller keinen Hehl daraus, daß der Solid Modeler keineswegs zur neueren Generation gehört.

Eine einheitliche B-Rep-Datenbasis existiert, aber alle wichtigen Kriterien zum Vergleich moderner Volumenmodellierer sind derzeit nicht erfüllt.

STRIM 100 gehört zu den führenden Freiformflächensystemen. Auf absehbare Zeit wird der Bedarf nach solchen Applikationen nicht spürbar nachlassen.

Cisigraph setzt deshalb in erster Linie auf diesen Schwerpunkt. Weiterentwicklungen, beispielsweise mit Toyota in Richtung Konsistenz der Werkzeugformdaten, oder in Richtung Flächenrückführung, sollen die Position auf diesem Sektor stärken. Dennoch ist man sich der Notwendigkeit bewußt, in Zukunft auch über einen leistungsfähigen Volumenpart zu verfügen. Bereits jetzt geht die Entwicklung der Flächenmodellierung dahin, daß geschlossene, mit STRIM 100 konstruierte Flächen, in Volumina umgewandelt werden können.

Auf Flächen gesetzt

Welcher Modellierkern künftig verwendet wird, ob es sich dabei um eine Eigenentwicklung handelt oder nicht, und wann mit einer neuen Datenstruktur gerechnet werden kann, ist gegenwärtig noch völlig offen.

6.13 Tebis

Tebis gehört nun absolut und ausschließlich in die ‚andere 3D Welt' der Flächenmodellierung.

Das deutsche Softwareprodukt aus München dient der Konstruktion und vor allem der Bearbeitung von Freiformflächen.

Vielfach wird Tebis eingesetzt als Ergänzung zu vorhandenen CAD-Systemen mit Schwächen in der NC-Flächenbearbeitung, wie beispielsweise Catia. Als erstes System beherrschte Tebis die flächenübergeifende, kollisionsfreie 3- und 5achsige Bearbeitung von CAD-Daten. Mit einem Tempo, von dem bei anderen Programmen nur geträumt wurde. Jetzt bietet Tebis – wiederum als Vorreiter – die Möglichkeit der automatischen Rückführung von abgetasteten Modelldaten in CAD-Flächen und eine Offline-Programmierung für Laser-Schneidmaschinen.

Beliebte Ergänzung

Der Hersteller hat sich auf den Bedarf der Industrie in diesem Umfeld eingestellt. Und beweist immer wieder die enorme Flexibilität eines kleinen Softwarehauses, wenn es um die kurzfristige Realisierung von technischen Lösungen geht, die von anderen eher für unlösbar gehalten werden.

Für Tebis gibt es gegenwärtig keinen Grund, sich an der Entwicklung in Richtung Volumenmodellierung zu beteiligen.

Solid ist kein Thema

6.14 Unigraphics

Die CAD/CAM-Division von McDonnell Douglas wechselte im vergangenen Jahr den Besitzer. EDS übernahm damit nach Shape Data, dem Entwicklungshaus von Parasolid, auch den wichtigsten Systemanbieter auf dieser Basis.

Desinteresse?

Gegenwärtig hinterläßt EDS allenthalben den Eindruck, als wäre dem Haus die Entwicklung beider Softwareprodukte wenig wichtig. Offenbar hatten bei dem Aufkauf der Hersteller andere Kriterien eine Rolle gespielt, die inzwischen ihre Gültigkeit verloren haben. Die Anwender von Unigraphics haben von dieser internen Entwicklung noch nicht viel mitbekommen. Im Gegenteil wird derzeit mit Spannung auf die neue Version des Systems gewartet, die von der Oberfläche und von der Funktionalität her eine Annäherung an andere Produkte der neueren Softwaregeneration bringen soll.

Unklare Perspektive

Unigraphics hat lange Zeit eine große Rolle nicht nur im Volumenmodellierungsbereich, sondern vor allem in Sachen Flächenkonstruktion und -bearbeitung gespielt.

Welchen Weg das Produkt nun geht, ob es einen neuen Besitzerwechsel gibt und eventuell eine neue Produktstrategie – das ist momentan eine nicht zu beantwortende Frage.

Glossar

Advisor:
Ratgeber. In der Softwaretechnik sind damit Methoden gemeint, die dem Konstrukteur bestimmte sinnvolle Zusatzinformationen für seine Arbeit zur Verfügung stellen: beispielsweise zur Berücksichtigung fertigungstechnischen Know Hows schon in der Konstruktion oder als Unterstützung in der Anwendung komplexer Programme (z. B. FEM), (siehe auch Kapitel 4.4 „Advisor Technologie").

Applikation:
Einsatz, Anwendung. Mit Applikationen werden einerseits spezielle Zusatzprogramme zu Standardsoftwaresystemen bezeichnet, andererseits nennt man so auch die Standardsoftware, die unmittelbar vom Endverbraucher eingesetzt wird.

B-Rep:
Boundary Representation ist eine Methode zur Geometrieberechnung, die auf einer exakten Definition der Grenzflächen eines Körpers beruht. (Siehe auch Kapitel 2.1 unter „B-REP in C++").

Concurrent Engineering / Simultaneous Engineering:
Statt nacheinander ablaufender Prozesse, die jeweils die Endergebnisse des vorhergehenden abwarten müssen, soll eine weitgehende Parallelisierung erreicht werden. Mehrere Prozesse können gleichzeitig mit Teilergebnissen eines initiierenden Prozesses starten. Die in letzter Zeit verstärkten Bemühungen der Industrie in diese Richtung können durch den Einsatz von modernen 3D-Systemen unterstützt werden.

Constraint Management:
Die Verwaltung von geometrischen Beziehungen zwischen verschiedenen Elementen.

Core:
Kern. Vergleiche die Erläuterungen zu Geometriekern.

CSG:
Construcitve Solid Geometry beschreibt nicht nur die Geometrie, sondern beinhaltet auch den Entstehungsprozeß, die Konstruktionshistorie. (Siehe auch Kapitel 2.1 unter „B-REP in C++").

Engineering Data Management:
Versuch einer bereichsübergreifenden Integration aller Produktentwicklungs-Informationen. Neues Segment von Standard-Software. (Siehe auch Kapitel 4.5. „Engineering Data Management").

Feature:
Charakteristisches Merkmal. Im CAD/CAM-Bereich doppelte Bedeutung: a) besondere Funktionalitäten eines Systems; b) Formelement, Objekt mit besonderen (nicht nur geometrischen) Eigenschaften, Merkmalen (siehe auch Kapitel 3.2 „Feature Based Modeling").

FEM:
Die Finite Elemente Methode ist ein Werkzeug zur Vorausberechnung von Belastungen konstruierter Teile, wie Zug, Druck oder Temperatur. Sie beruht auf der Mathematik der Matrizenrechnung, die mit der drastisch gestiegenen Rechnerleistung zu einem breiten industriellen Einsatz gekommen ist. Durch die Zerlegung eines Teils in kleine (finite) Elemente, deren Belastung sich errechnen läßt, können Rückschlüsse auf das Verhalten des gesamten Bauteils gezogen werden.

Geometriekern, Modellierkern:
Zentraler Satz der Softwareprogramme, die zur geometrischen Berechnung und Beschreibung von CAD-Modellen

erforderlich sind. Ohne Funktionalität zur Weiterverwertung, Darstellung und Bedienung.

Objektorientierte Programmierung (OOP):
Statt der in der prozeduralen Programmierung üblichen Unterscheidung zwischen Daten- und Funktionsteil orientieren sich moderne Softwaresysteme an Objekten, die je nach ihren Eigenschaften Klassen zugeordnet werden. Auf der anderen Seite existieren Methoden zur Auswertung von Eigenschaften. OOP-Programme benötigen weniger Programmierzeilen, sind leichter zu warten, zu erweitern und anzupassen. (Eine etwas ausführlichere Beschreibung finden Sie im Kapitel 2.1 unter „Die Struktur des Objekts").

OEM-Produkt:
Original Equipment Manufacturer. Das Originalprodukt wird nicht dem Endverbraucher angeboten, sondern einem weiteren Produzenten, der es in der Regel an den speziellen Bedarf seiner Kundschaft anpaßt.

Parametrik:
Zwischen den einzelnen Elementen einer CAD-Konstruktion existieren vom Anwender definierte Beziehungen. Das Ändern eines Elementes führt zur automatischen Änderung anderer Elemente.

Postprocessing:
Automatische Auswertung von Berechnungsergebnissen, sei es zur grafischen Darstellung auf dem Bildschirm, sei es zur Übersetzung der Daten in ein anderes Format, wie bei der Umsetzung von NC-Programmen für die jeweilige Maschinensteuerung.

Preprocessing:
Für bestimmte Berechnungs- und Simulationsprogramme muß die Geometrie eines Teils besonders aufbereitet werden. Dieses Preprocessing ist in den meisten Fällen weitgehend automatisiert. Für die FEM-Berechnung ist beispielsweise ein Netz von Elementen und Knotenpunkten zu generieren.

Solid:
Fest, solide. In Zusammenhang mit CAD steht Solid für das rechnerinterne Volumenmodell.

Topologie:
Gestalt. In Zusammenhang mit der Volumenmodellierung waren lange Zeit topologische Änderungen einmal erzeugter Modelle wenn überhaupt nur mit unverhältnismäßigem Aufwand durchzuführen.

USP:
Unique Selling Point. Herausstellungsmerkmal eines Produktes.

Variational Design:
Vor allem von SDRC verwendete Klassifizierung für eine CAD-Konstruktionsmethodik, die eine beliebige Mischung parametrisierter und nicht parametrisierter Elemente gestattet.

WYSIWYG:
What You See Is What You Get. Im Zusammenhang mit CAD ist hier die Möglichkeit gemeint, schon vor dem Auslösen einer Funktion auf dem Bildschirm das zu erwartende Ergebnis sehen zu können.

Index